Preventing Occupational Hazards: A Guide to Industrial Toxicology for Employees

தொழில் நச்சியியல் மற்றும் தொழிலாளர்கள் பாதுகாப்பு : தொழில் ஆபத்துகளைத் தடுப்பது

Aditya Mehta

Preventing Occupational Hazards: A Guide to Industrial Toxicology for Employees

Copyright © 2023 by Aditya Mehta

The first edition was published in 2023

ISBN:
Published by:
Sunshine
1663 Liberty Drive
Hyderabad, IN 47403
www.Sunshinepublishers.com

This book is self-published using on-demand printing and publishing, which allows it to be printed and distributed globally

TABLE OF CONTENT

அத்தியாயம் 1: தொழில் நச்சியல் அறிமுகம்

- தொழில் நச்சியல் என்றால் என்ன?
- பணியிடத்தில் தொழில் நச்சியலின் எல்லை
- ஊழியர்களின் பாதுகாப்பு மற்றும் ஆரோக்கியத்திற்கு தொழில் நச்சியலின் முக்கியத்துவம்
- தொழில் ஆபத்துகளின் வகைகள் (வேதியியல், இயற்பியல், உயிரியல்)
- ஆபத்து மதிப்பீடு மற்றும் மேலாண்மை கொள்கைகள்

அத்தியாயம் 2: பொதுவான பணியிட நச்சுகள் மற்றும் அவற்றின் விளைவுகள்

- முக்கிய பணியிட நச்சுகளின் வகைகள் (எ.கா., கரைப்பான்கள், உலோகங்கள், பூச்சிக்கொல்லிகள்)
- வெளிப்பாட்டு பாதைகள் (சுவாசம், உட்கொள்ளல், தோல் உறிஞ்சுதல்)
- குறிப்பிட்ட நச்சுகளின் கடுமையான மற்றும் நாள்பட்ட சுகாதார விளைவுகள்
- தொழில்நுட்ப விஷத்தின் முதல்நிலை ஆய்வுகள்

அத்தியாயம் 3: தனிப்பட்ட பாதுகாப்பு உபகரணங்கள் (PPE)

- வெவ்வேறு ஆபத்துகளுக்கான PPE வகைகள் (எ.கா., சுவாசக் கருவிகள், கையுறைகள், கண்ணாடிகள்)

- பொருத்தமான PPE தேர்வு மற்றும் அணிதல்

- PPE இன் சரியான பயன்பாடு, பராமரிப்பு மற்றும் சேமிப்பு

- PPE இன் குறைபாடுகள் மற்றும் பிற கட்டுப்பாட்டு நடவடிக்கைகளின் முக்கியத்துவம்

அத்தியாயம் 4: பொறியியல் கட்டுப்பாடு மற்றும் பணி நடைமுறைகள்

- ஆபத்து கட்டுப்பாட்டு படிநிலை (நீக்குதல், மாற்று, பொறியியல், நிர்வாகம்)

- பொறியியல் கட்டுப்பாடுகள் (காற்றோட்டம், தனிமைப்படுத்தல், தானியங்கு)

- பாதுகாப்பான பணி நடைமுறைகள் மற்றும் செயல்முறைகள்

- வீட்டு பராமரிப்பு மற்றும் கசிவு பதிலளிப்பு நடைமுறைகள்

அத்தியாயம் 5: கண்காணிப்பு மற்றும் கண்காவல்

- பணி இடத்தில் ரசாயன ஆபத்துகளைக் கண்காணிப்பதன் முக்கியத்துவம்

- கண்காணிப்பு உபகரணங்கள் மற்றும் முறைகளின் வகைகள்

- உள்நுழைவைக் கண்டறிவதற்கான உயிரியல் கண்காணிப்பு

- சுகாதார விளைவுகளை ஆரம்ப கட்டத்தில் கண்டறிவதற்கான மருத்துவக் கண்காணிப்பு திட்டங்கள்

அத்தியாயம் 6: ஊழியர்களின் உரிமைகள் மற்றும் பொறுப்புகள்

- பாதுகாப்பு திட்டங்களில் அறிந்துகொள்ளும் உரிமை மற்றும் பங்கேற்கும் உரிமை

- பாதுகாப்பு தரவுத்தாள்கள் (SDS) மற்றும் ஆபத்து தகவல்களை அணுகுதல்

- பாதுகாப்பற்ற நிலைமைகள் மற்றும் பணி நடைமுறைகளை அறிவித்தல்

- பாதுகாப்பான பணிச்சூழலை பராமரிப்பதற்கான ஊழியர்களின் பொறுப்புகள்

Chapter 1: Introduction to Industrial Toxicology

அத்தியாயம் 1: தொழில் நச்சியல் அறிமுகம்

தொழில் நச்சியல் என்றால் என்ன?

தொழில் நச்சியல் என்பது தொழில்களில் பயன்படுத்தப்படும் பொருட்கள் மற்றும் செயல்முறைகளால் ஏற்படும் நச்சுகளின் தாக்கத்தைப் பற்றிய அறிவியல் ஆகும். இது தொழிலாளர்கள், பொதுமக்கள் மற்றும் சுற்றுச்சூழலுக்கு ஏற்படும் நச்சுகளின் தாக்கத்தைப் பற்றி ஆய்வு செய்கிறது.

தொழில் நச்சியல் என்பது ஒரு பரந்த துறை ஆகும். இது வேதியியல், நுண்ணுயிரியல், மருத்துவம், சுற்றுச்சூழல் அறிவியல் மற்றும் பிற துறைகளை உள்ளடக்கியது. தொழில் நச்சியல் நிபுணர்கள் தொழில்களில் பயன்படுத்தப்படும் பொருட்களின் நச்சுத்தன்மையை மதிப்பீடு செய்கிறார்கள், தொழிலாளர்களுக்கும் பொதுமக்களுக்கும் நச்சுகளின் தாக்கத்தைக் கண்டறிகிறார்கள் மற்றும் நச்சுகளின் தாக்கத்தைக் குறைப்பதற்கான நடவடிக்கைகளை பரிந்துரைக்கிறார்கள்.

தொழில் நச்சையால் ஏற்படும் பாதிப்புகள் பின்வருமாறு:

- உடல்நல பாதிப்புகள்: தொழில் நச்சுகள் உடலில் நுழைந்தால், அவை உடல்நலப் பிரச்சனைகளை ஏற்படுத்தும். இதில் சுவாச நோய்கள், தோல் நோய்கள், நரம்பு பாதிப்புகள், கல்லீரல் பாதிப்புகள், சிறுநீரக பாதிப்புகள் மற்றும் புற்றுநோய் ஆகியவை அடங்கும்.

- உற்பத்தித்திறன் குறைவு: தொழில் நச்சுகள் தொழிலாளர்களின் உற்பத்தித்திறனைக் குறைக்கலாம். இது நிறுவனங்களுக்கு பொருளாதார இழப்பை ஏற்படுத்தும்.

- சுற்றுச்சூழல் மாசுபாடு: தொழில் நச்சுகள் சுற்றுச்சூழலை மாசுபடுத்தும். இது விலங்குகள் மற்றும் தாவரங்களுக்கு தீங்கு விளைவிக்கும்.

தொழில் நச்சியல் குறித்த சில முக்கிய கருத்துக்கள் பின்வருமாறு:

- நச்சுத்தன்மை என்பது ஒரு பொருளின் நச்சுத் திறனைக் குறிக்கிறது. இது பொருளின் அளவு, வெளிப்பாட்டின் காலம் மற்றும் வெளிப்பாட்டின் வழி ஆகியவற்றைப் பொறுத்தது.

- நச்சுகளின் தாக்கங்கள் நேரடியாகவோ அல்லது மறைமுகமாகவோ

இருக்கலாம். நேரடி தாக்கங்கள் உடனடியாக ஏற்படும். மறைமுக தாக்கங்கள் நீண்ட காலத்திற்குப் பிறகு ஏற்படும்.

- நச்சுகளின் தாக்கங்கள் தனிநபர், குழு அல்லது சமூக அளவில் இருக்கலாம். தனிநபர் அளவிலான தாக்கங்கள் ஒரு நபரை மட்டும் பாதிக்கும். குழு அளவிலான தாக்கங்கள் ஒரு குழு மக்களை பாதிக்கும். சமூக அளவிலான தாக்கங்கள் ஒரு முழு சமூகத்தை பாதிக்கும்.

தொழில் நச்சியல் குறித்த சில முக்கிய தகவல்கள் பின்வருமாறு:

- இந்தியாவில் தொழில் நச்சினால் ஆண்டுக்கு சுமார் 100,000 பேர் பாதிக்கப்படுகிறார்கள்.

- தொழில் நச்சினால் ஏற்படும் பாதிப்புகளில் சுவாச நோய்கள், தோல் நோய்கள், நரம்பு பாதிப்புகள் மற்றும் புற்றுநோய் ஆகியவை அடங்கும்.

- தொழில் நச்சினால் ஏற்படும் சுற்றுச்சூழல் பாதிப்புகளில் நீர் மாசுபாடு, மண்ணின் மாசுபாடு மற்றும் காற்று மாசுபாடு ஆகியவை அடங்கும்.

தொழில் நச்சியல் குறித்த சில முக்கிய நடவடிக்கைகள் பின்வருமாறு:

- தொழில்களில் பயன்படுத்தப்படும் பொருட்களின் நச்சுத்தன்மையை மதிப்பீடு செய்தல்

- தொழிலாளர்களுக்கு தொழில் நச்சியல் குறித்த விழிப்புணர்வு ஏற்படுத்துதல்

- தொழில்களில் நச்சுத்தன்மையைக் குறைப்பதற்கான நடவடிக்கைகள் எடுத்தல்

தொழில் நச்சியல் என்பது ஒரு முக்கியமான துறை ஆகும். இது தொழில்களில் பயன்படுத்தப்படும் பொருட்கள் மற்றும் செயல்முறைகளால் ஏற்படும் நச்சுகளின் தாக்கத்தைப் பற்றிய அறிவைப் பரப்புவதன் மூலம் தொழிலாளர்கள், பொதுமக்கள் மற்றும் சுற்றுச்சூழலைப் பாதுகாப்பதில் முக்கிய பங்கு வகிக்கிறது.

பணியிடத்தில் தொழில் நச்சியலின் எல்லை

தொழில் நச்சியல் என்பது தொழில்களில் பயன்படுத்தப்படும் பொருட்கள் மற்றும் செயல்முறைகளால் ஏற்படும் நச்சுகளின் தாக்கத்தைப் பற்றிய அறிவியல் ஆகும். இது பணியிடத்தில் தொழிலாளர்களுக்கு ஏற்படும் நச்சுகளின் தாக்கத்தைப் பற்றிய பகுதியையும் உள்ளடக்கியது.

பணியிடத்தில் தொழில் நச்சியலின் எல்லை பின்வருமாறு:

- நச்சுத்தன்மை: பணியிடத்தில் பயன்படுத்தப்படும் பொருட்களின் நச்சுத்தன்மையை மதிப்பீடு செய்தல்.

- வெளிப்பாடு: தொழிலாளர்கள் நச்சுகளுக்கு எவ்வாறு வெளிப்படுகிறார்கள் என்பதைக் கண்டறிதல்.

- தாக்கம்: நச்சுகளின் தாக்கங்களைக் கண்டறிதல்.

- நோய்த்தடுப்பு: நச்சுகள் காரணமாக ஏற்படும் நோய்களைத் தடுப்பதற்கான நடவடிக்கைகளை பரிந்துரைத்தல்.

பணியிடத்தில் தொழில் நச்சியலின் எல்லையை வரையறுப்பதில் சில சவால்கள் உள்ளன. ஒன்று, பணியிடத்தில் பயன்படுத்தப்படும் பொருட்கள் மற்றும் செயல்முறைகளின் அளவு மற்றும்

வகைகள் தொடர்ந்து மாறி வருகின்றன. மற்றொன்று, நச்சுகளின் தாக்கங்கள் சில நேரங்களில் நீண்ட காலத்திற்குப் பிறகு வெளிப்படையாகத் தெரியாமல் இருக்கலாம்.

பணியிடத்தில் தொழில் நச்சியலின் எல்லைகளை மேம்படுத்துவதற்கான சில வழிகள் பின்வருமாறு:

- தொழில்களில் பயன்படுத்தப்படும் பொருட்களின் நச்சுத்தன்மையை தொடர்ந்து மதிப்பீடு செய்தல்.

- தொழிலாளர்களின் நச்சுகளுக்கு வெளிப்பாட்டைக் குறைக்க நடவடிக்கைகள் எடுத்தல்.

- நச்சுகளின் தாக்கங்களைப் பற்றிய அறிவை மேம்படுத்துதல்.

பணியிடத்தில் தொழில் நச்சியலைக் குறைப்பதற்கான சில நடவடிக்கைகள் பின்வருமாறு:

- தொழில்களில் பயன்படுத்தப்படும் நச்சுகளின் அளவைக் குறைத்தல்.

- தொழிலாளர்களுக்கு நச்சுகளிலிருந்து பாதுகாப்பதற்கான பாதுகாப்பு உபகரணங்களை வழங்குதல்.

- தொழிலாளர்களுக்கு தொழில் நச்சியல் குறித்த விழிப்புணர்வு ஏற்படுத்துதல்.

பணியிடத்தில் தொழில் நச்சியல் என்பது ஒரு முக்கியமான பிரச்சனை ஆகும். தொழிலாளர்களின் ஆரோக்கியத்தைப் பாதுகாக்கவும் தொழில்களில் நச்சுத்தன்மையைக் குறைக்கவும் பணியிடத்தில் தொழில் நச்சியலின் எல்லைகளை மேம்படுத்துவதற்கான நடவடிக்கைகள் எடுக்கப்பட வேண்டும்.

பணியிடத்தில் தொழில் நச்சியலின் எல்லை குறித்த சில குறிப்பிட்ட எடுத்துக்காட்டுகள் பின்வருமாறு:

- ஒரு தொழிலாளர் ஒரு நச்சு வாயுவை சுவாசிக்கும்போது, அது உடனடியாக நச்சுத்தன்மையைக் கொண்டிருக்கலாம் அல்லது நீண்ட காலத்திற்குப் பிறகு நச்சுத்தன்மையைக் கொண்டிருக்கலாம்.

- ஒரு தொழிலாளர் ஒரு நச்சு பொருளைத் தொட்டால், அது உடனடியாக நச்சுத்தன்மையைக் கொண்டிருக்கலாம் அல்லது தோல் நோய்கள் அல்லது புற்றுநோய் போன்ற நீண்ட காலத்திற்குப் பிறகு நச்சுத்தன்மையைக் கொண்டிருக்கலாம்.

- ஒரு தொழிலாளர் ஒரு நச்சு திரவத்தை விழுங்கினால், அது உடனடியாக நச்சுத்தன்மையைக் கொண்டிருக்கலாம் அல்லது குடல் சேதம் அல்லது புற்றுநோய்

போன்ற நீண்ட காலத்திற்குப் பிறகு நச்சுத்தன்மையைக் கொண்டிருக்கலாம்.

பணியிடத்தில் தொழில் நச்சியலின் எல்லைகளைப் புரிந்துகொள்வது தொழிலாளர்களின் பாதுகாப்பை உறுதி செய்வதற்கும் தொழில்களில் நச்சுத்தன்மையைக் குறைப்பதற்கும் முக்கியம்.

ஊழியர்களின் பாதுகாப்பு மற்றும் ஆரோக்கியத்திற்கு தொழில் நச்சியலின் முக்கியத்துவம்

தொழில் நச்சியல் என்பது தொழில்களில் பயன்படுத்தப்படும் பொருட்கள் மற்றும் செயல்முறைகளால் ஏற்படும் நச்சுகளின் தாக்கத்தைப் பற்றிய அறிவியல் ஆகும். இது ஊழியர்களின் பாதுகாப்பு மற்றும் ஆரோக்கியத்திற்கு மிக முக்கியமானது.

தொழில் நச்சுகள் ஊழியர்களின் உடல்நலத்திற்கு பல்வேறு வழிகளில் பாதிப்பை ஏற்படுத்தும். இதில் பின்வருவன அடங்கும்:

- சுவாச நோய்கள்: நச்சு வாயுக்கள் மற்றும் தூசிகள் சுவாசிப்பதால் சுவாச நோய்கள் ஏற்படலாம். இதில் ஆஸ்துமா, நாள்பட்ட சுவாச நோய்கள் மற்றும் புற்றுநோய் ஆகியவை அடங்கும்.

- தோல் நோய்கள்: நச்சு பொருட்கள் தோலில் படுவதனால் தோல் நோய்கள் ஏற்படலாம். இதில் அரிப்பு, எரிச்சல் மற்றும் புற்றுநோய் ஆகியவை அடங்கும்.

- நரம்பு பாதிப்புகள்: நச்சு பொருட்கள் நரம்பு மண்டலத்தை பாதிக்கலாம். இதில் தலைவலி, மயக்கம், பலவீனம் மற்றும் புற்றுநோய் ஆகியவை அடங்கும்.

- கல்லீரல் பாதிப்புகள்: நச்சு பொருட்கள் கல்லீரலை பாதிக்கலாம். இதில் வீக்கம், செயலிழப்பு மற்றும் புற்றுநோய் ஆகியவை அடங்கும்.

- சிறுநீரக பாதிப்புகள்: நச்சு பொருட்கள் சிறுநீரகத்தை பாதிக்கலாம். இதில் வீக்கம், செயலிழப்பு மற்றும் புற்றுநோய் ஆகியவை அடங்கும்.

- புற்றுநோய்: சில நச்சு பொருட்கள் புற்றுநோயை ஏற்படுத்தும்.

தொழில் நச்சுகள் ஊழியர்களின் உற்பத்தித்திறனைக் குறைக்கவும், பொருளாதார இழப்பை ஏற்படுத்தும்.

ஊழியர்களின் பாதுகாப்பு மற்றும் ஆரோக்கியத்தைப் பாதுகாக்க தொழில் நச்சியலின் முக்கியத்துவம் பின்வருமாறு:

- ஊழியர்களின் உடல்நலத்தைப் பாதுகாப்பது: தொழில் நச்சுகள் ஊழியர்களின் உடல்நலத்திற்கு ஏற்படுத்தக்கூடிய ஆபத்துக்களைப் பற்றிய அறிவைப் பரப்புவதன் மூலம் ஊழியர்களின் உடல்நலத்தைப் பாதுகாக்க தொழில் நச்சியல் உதவுகிறது.

- ஊழியர்களின் உற்பத்தித்திறனை மேம்படுத்துவது: தொழில் நச்சுகள் ஏற்படும் ஆபத்துக்களைக் குறைப்பதன் மூலம்

ஊழியர்களின் உற்பத்தித்திறனை மேம்படுத்த தொழில் நச்சியல் உதவுகிறது.

- பொருளாதார இழப்பைக் குறைப்பது: தொழில் நச்சுகள் ஏற்படும் ஆபத்துக்களைக் குறைப்பதன் மூலம் பொருளாதார இழப்பைக் குறைக்க தொழில் நச்சியல் உதவுகிறது.

தொழில் நச்சியலின் முக்கியத்துவத்தைப் புரிந்துகொண்டு, தொழில்களில் நச்சுகளின் தாக்கத்தைக் குறைப்பதற்கான நடவடிக்கைகளை எடுப்பது முக்கியம்.

தொழில் நச்சியலை மேம்படுத்தக்கூடிய சில நடவடிக்கைகள் பின்வருமாறு:

- தொழில்களில் பயன்படுத்தப்படும் பொருட்களின் நச்சுத்தன்மையை மதிப்பீடு செய்தல்.

- தொழிலாளர்களுக்கு நச்சுகளின் தாக்கங்களைப் பற்றிய விழிப்புணர்வு ஏற்படுத்துதல்.

- தொழிலாளர்களுக்கு நச்சுகளிலிருந்து பாதுகாப்பதற்கான பாதுகாப்பு உபகரணங்களை வழங்குதல்.

- தொழில்களில் நச்சுகளின் அளவைக் குறைத்தல்.

- தொழில்களில் நச்சுகளைப் பயன்படுத்தும் முறைகளை மேம்படுத்துதல்.

இந்த நடவடிக்கைகளை மேற்கொள்வதன் மூலம் ஊழியர்களின் பாதுகாப்பை உறுதி செய்யவும், தொழில்களில் நச்சுத்தன்மையைக் குறைக்கவும் முடியும்.

தொழில் ஆபத்துகளின் வகைகள் (வேதியியல், இயற்பியல், உயிரியல்)

தொழில் ஆபத்துகள் என்பது தொழிலாளர்களின் பாதுகாப்பு மற்றும் ஆரோக்கியத்திற்கு ஏற்படக்கூடிய அபாயங்களைக் குறிக்கிறது. தொழில் ஆபத்துகள் பல்வேறு வழிகளில் ஏற்படலாம். அவற்றில் முக்கியமான மூன்று வகைகள் வேதியியல், இயற்பியல் மற்றும் உயிரியல் ஆபத்துகள் ஆகும்.

வேதியியல் ஆபத்துகள்

வேதியியல் ஆபத்துகள் என்பது தொழிலில் பயன்படுத்தப்படும் பொருட்கள் அல்லது செயல்முறைகளால் ஏற்படும் ஆபத்துகளைக் குறிக்கிறது. வேதியியல் ஆபத்துகள் ஏற்படக்கூடிய சில காரணிகள் பின்வருமாறு:

- நச்சு பொருட்கள்: தொழிலில் பயன்படுத்தப்படும் சில பொருட்கள் நச்சுத் தன்மை கொண்டவை. இந்த பொருட்கள் தொழிலாளர்களுக்கு உடல்நலப் பாதிப்புகளை ஏற்படுத்தலாம்.

- உயர் வெப்பநிலை: தொழிலில் பயன்படுத்தப்படும் சில செயல்முறைகள் உயர் வெப்பநிலையை உருவாக்கும். இந்த வெப்பநிலை தொழிலாளர்களுக்கு தீக்காயங்களை ஏற்படுத்தலாம்.

- உயர் அழுத்தம்: தொழிலில் பயன்படுத்தப்படும் சில செயல்முறைகள் உயர் அழுத்தத்தை உருவாக்கும். இந்த அழுத்தம் தொழிலாளர்களுக்கு உடல்நலப் பாதிப்புகளை ஏற்படுத்தலாம்.

- சுவாசத்திற்கு ஆபத்தான பொருட்கள்: தொழிலில் பயன்படுத்தப்படும் சில பொருட்கள் சுவாசத்திற்கு ஆபத்தானவை. இந்த பொருட்கள் தொழிலாளர்களுக்கு சுவாசப் பிரச்சினைகளை ஏற்படுத்தலாம்.

வேதியியல் ஆபத்துகளால் ஏற்படும் பாதிப்புகள்

வேதியியல் ஆபத்துகளால் ஏற்படக்கூடிய பாதிப்புகள் பின்வருமாறு:

- உடல்நலப் பாதிப்புகள்: வேதியியல் ஆபத்துகள் தொழிலாளர்களுக்கு பல்வேறு வகையான உடல்நலப் பாதிப்புகளை ஏற்படுத்தலாம். இதில் சுவாச நோய்கள், தோல் நோய்கள், நரம்பு பாதிப்புகள், கல்லீரல் பாதிப்புகள், சிறுநீரக பாதிப்புகள் மற்றும் புற்றுநோய் ஆகியவை அடங்கும்.

- உற்பத்தித்திறன் குறைவு: வேதியியல் ஆபத்துகள் தொழிலாளர்களின் உற்பத்தித்திறனைக் குறைக்கலாம்.

- பொருளாதார இழப்பு: வேதியியல் ஆபத்துகள் தொழிலாளர்கள் மற்றும் நிறுவனங்களுக்கு பொருளாதார இழப்பை ஏற்படுத்தலாம்.

வேதியியல் ஆபத்துகளைக் குறைப்பதற்கான நடவடிக்கைகள்

வேதியியல் ஆபத்துகளைக் குறைப்பதற்கான சில நடவடிக்கைகள் பின்வருமாறு:

- தொழில்களில் பயன்படுத்தப்படும் பொருட்களின் நச்சுத்தன்மையை மதிப்பீடு செய்தல்.

- தொழிலாளர்களுக்கு வேதியியல் ஆபத்துகள் பற்றிய விழிப்புணர்வு ஏற்படுத்துதல்.

- தொழிலாளர்களுக்கு வேதியியல் ஆபத்துகளிலிருந்து பாதுகாப்பதற்கான பாதுகாப்பு உபகரணங்களை வழங்குதல்.

- தொழில்களில் வேதியியல் ஆபத்துகளைக் குறைக்கக்கூடிய தொழில்நுட்பங்களைப் பயன்படுத்துதல்.

இயற்பியல் ஆபத்துகள்

இயற்பியல் ஆபத்துகள் என்பது தொழிலாளர்கள் சந்திக்கும் இயற்பியல் காரணிகளால் ஏற்படும் ஆபத்துகளைக் குறிக்கிறது. இயற்பியல்

ஆபத்துகள் ஏற்படக்கூடிய சில காரணிகள் பின்வருமாறு:

- உயர் அல்லது குறைந்த வெப்பநிலை: தொழிலாளர்கள் உயர் அல்லது குறைந்த வெப்பநிலையில் வேலை செய்ய நேரிடலாம். இது தொழிலாளர்களுக்கு உடல்நலப் பாதிப்புகளை ஏற்படுத்தலாம்.

- உயர் அல்லது குறைந்த அழுத்தம்: தொழிலாளர்கள் உயர் அல்லது குறைந்த அழுத்தத்தில் வேலை செய்ய நேரிடலாம். இது தொழிலாளர்களுக்கு உடல்நலப் பாதிப்புகளை ஏற்படுத்தலாம்.

- காற்று மற்றும் இயந்திர ஒலி: தொழிலாளர்கள் அதிக ஒலியில் வேலை செய்ய நேரிடலாம்.

ஆபத்து மதிப்பீடு மற்றும் மேலாண்மை கொள்கைகள்

ஆபத்து மதிப்பீடு மற்றும் மேலாண்மை என்பது தொழிலாளர்களின் பாதுகாப்பு மற்றும் ஆரோக்கியத்தைப் பாதுகாக்க முக்கியமான ஒரு செயல்முறையாகும். இந்த செயல்முறையில், தொழில்களில் உள்ள ஆபத்துகளைக் கண்டறிந்து, அவற்றைக் குறைப்பதற்கான நடவடிக்கைகளை எடுப்பது அடங்கும்.

ஆபத்து மதிப்பீடு மற்றும் மேலாண்மை கொள்கைகள் என்பது இந்த செயல்முறையை வழிநடத்தும் அடிப்படைக் கொள்கைகள் ஆகும். இந்த கொள்கைகள் பின்வருமாறு:

- ஆபத்து தடுப்பு முதலிடம்: ஆபத்து தடுப்பே ஆபத்து மேலாண்மையின் முக்கிய நோக்கம் ஆகும். ஆபத்துகளைத் தடுக்க முடியாவிட்டால், அவற்றைக் குறைக்க நடவடிக்கை எடுக்க வேண்டும்.

- ஒட்டுமொத்த அணுகுமுறை: ஆபத்து மதிப்பீடு மற்றும் மேலாண்மை என்பது தொழில் முழுவதும் ஒரு ஒட்டுமொத்த அணுகுமுறையுடன் செயல்படுத்தப்பட வேண்டும்.

- நெகிழ்வுத்தன்மை: ஆபத்து மதிப்பீடு மற்றும் மேலாண்மை செயல்முறை

மாறிவரும் நிலைமைகளுக்கு ஏற்ப மாற்றப்பட வேண்டும்.

- பொறுப்பு: ஆபத்து மதிப்பீடு மற்றும் மேலாண்மை என்பது தொழில் முழுவதும் உள்ள அனைத்து நபர்களின் பொறுப்பாகும்.

ஆபத்து மதிப்பீடு மற்றும் மேலாண்மை கொள்கைகளின் நோக்கம

ஆபத்து மதிப்பீடு மற்றும் மேலாண்மை கொள்கைகளின் நோக்கம் பின்வருமாறு:

- தொழிலாளர்களின் பாதுகாப்பு மற்றும் ஆரோக்கியத்தை மேம்படுத்துதல்.

- தொழில்களில் ஏற்படும் விபத்துக்களைத் தடுத்தல் அல்லது குறைத்தல்.

- தொழில்களில் ஏற்படும் பொருளாதார இழப்பைக் குறைத்தல்.

ஆபத்து மதிப்பீடு மற்றும் மேலாண்மை கொள்கைகளின் நன்மைகள்

ஆபத்து மதிப்பீடு மற்றும் மேலாண்மை கொள்கைகளைப் பின்பற்றுவதன் மூலம் பின்வரும் நன்மைகளைப் பெறலாம்:

- தொழிலாளர்களின் பாதுகாப்பு மற்றும் ஆரோக்கியம் மேம்படும்.

- தொழில்களில் ஏற்படும் விபத்துக்கள் குறையும்.
- தொழில்களில் ஏற்படும் பொருளாதார இழப்பு குறையும்.
- தொழிலின் உற்பத்தித்திறன் மேம்படும்.

ஆபத்து மதிப்பீடு மற்றும் மேலாண்மை கொள்கைகளை செயல்படுத்துவதற்கான வழிமுறைகள்

ஆபத்து மதிப்பீடு மற்றும் மேலாண்மை கொள்கைகளை செயல்படுத்துவதற்கான வழிமுறைகள் பின்வருமாறு:

- தொழில்களில் உள்ள ஆபத்துகளைக் கண்டறிதல்.
- ஆபத்துகளின் தீவிரத்தன்மையை மதிப்பீடு செய்தல்.
- ஆபத்துகளைக் குறைப்பதற்கான நடவடிக்கைகளை உருவாக்குதல்.
- ஆபத்துகளைக் குறைப்பதற்கான நடவடிக்கைகளை செயல்படுத்துதல்.

தொழில்களில் ஆபத்து மதிப்பீடு மற்றும் மேலாண்மை கொள்கைகளை செயல்படுத்துவதன் மூலம், தொழிலாளர்களின் பாதுகாப்பு மற்றும் ஆரோக்கியத்தைப் பாதுகாக்கவும், தொழில்களில் ஏற்படும்

விபத்துக்கள் மற்றும் பொருளாதார இழப்புகளைக் குறைக்கவும் முடியும்.

Chapter 2: Common Workplace Toxins and Their Effects

அத்தியாயம் 2: பொதுவான பணியிட நச்சுகள் மற்றும் அவற்றின் விளைவுகள்

முக்கிய பணியிட நச்சுகளின் வகைகள் (எ.கா., கரைப்பான்கள், உலோகங்கள், பூச்சிக்கொல்லிகள்)

தொழில்களில் பயன்படுத்தப்படும் பொருட்கள் மற்றும் செயல்முறைகளால் தொழிலாளர்களுக்கு ஏற்படும் நச்சுத்தன்மையை பணியிட நச்சு என்று அழைக்கப்படுகிறது. பணியிட நச்சுகள் தொழிலாளர்களின் உடல்நலத்திற்கு பல்வேறு வழிகளில் பாதிப்பை ஏற்படுத்தலாம். இதில் சுவாச நோய்கள், தோல் நோய்கள், நரம்பு பாதிப்புகள், கல்லீரல் பாதிப்புகள், சிறுநீரக பாதிப்புகள் மற்றும் புற்றுநோய் ஆகியவை அடங்கும்.

பணியிட நச்சுக்கள் பல வகைப்படும். அவற்றில் சில முக்கியமான வகைகள் பின்வருமாறு:

கரைப்பான்கள்

கரைப்பான்கள் என்பது திரவங்கள் அல்லது வாயுக்கள் ஆகும். அவை பல்வேறு பொருட்களைக் கரைக்கப் பயன்படுகின்றன. கரைப்பான்கள் பல்வேறு தொழில்களில் பயன்படுத்தப்படுகின்றன. இதில் வர்ணம், பூச்சு, பிளாஸ்டிக், மரம் மற்றும் உலோகத் தொழில்கள் ஆகியவை அடங்கும்.

கரைப்பான்கள் மீது வெளிப்படும்போது, அவை தொழிலாளர்களின் உடல்நலத்திற்கு பல்வேறு பாதிப்புகளை ஏற்படுத்தலாம். இதில் தலைவலி, மயக்கம், தலைச்சுற்றல், வாந்தி, குமட்டல், கண் எரிச்சல், தோல் எரிச்சல், சுவாசப் பிரச்சினைகள் மற்றும் கல்லீரல், சிறுநீரக பாதிப்புகள் ஆகியவை அடங்கும்.

உலோகங்கள்

உலோகங்கள் பல்வேறு தொழில்களில் பயன்படுத்தப்படுகின்றன. இதில் கட்டுமானம், உற்பத்தி, மின்சாரம் மற்றும் சுரங்கத் தொழில்கள் ஆகியவை அடங்கும். உலோகங்கள் மீது வெளிப்படும்போது, அவை தொழிலாளர்களின் உடல்நலத்திற்கு பல்வேறு பாதிப்புகளை ஏற்படுத்தலாம். இதில் தோல் நோய்கள், சுவாசப் பிரச்சினைகள், நரம்பு பாதிப்புகள், கல்லீரல், சிறுநீரக பாதிப்புகள் மற்றும் புற்றுநோய் ஆகியவை அடங்கும்.

பூச்சிக்கொல்லிகள்

பூச்சிக்கொல்லிகள் பூச்சிகளைக் கொல்லப் பயன்படுகின்றன. பூச்சிக்கொல்லிகள் பல்வேறு தொழில்களில் பயன்படுத்தப்படுகின்றன. இதில் விவசாயம், காடுகள், உணவு பதப்படுத்துதல் மற்றும் மருத்துவம் ஆகியவை அடங்கும்.

பூச்சிக்கொல்லிகள் மீது வெளிப்படும்போது, அவை தொழிலாளர்களின் உடல்நலத்திற்கு பல்வேறு பாதிப்புகளை ஏற்படுத்தலாம். இதில் தோல் நோய்கள், சுவாசப் பிரச்சினைகள், நரம்பு பாதிப்புகள், கல்லீரல், சிறுநீரக பாதிப்புகள் மற்றும் புற்றுநோய் ஆகியவை அடங்கும்.

பணியிட நச்சுகளின் தாக்கத்தைக் குறைக்க, பின்வரும் நடவடிக்கைகள் எடுக்கப்படலாம்:

- தொழில்களில் பயன்படுத்தப்படும் பொருட்களின் நச்சுத்தன்மையை மதிப்பீடு செய்தல்.

- தொழிலாளர்களுக்கு நச்சுகளின் தாக்கங்கள் பற்றிய விழிப்புணர்வு ஏற்படுத்துதல்.

- தொழிலாளர்களுக்கு நச்சுகளிலிருந்து பாதுகாப்பதற்கான பாதுகாப்பு உபகரணங்களை வழங்குதல்.

- தொழில்களில் நச்சுகளின் அளவைக் குறைத்தல்.

- தொழில்களில் நச்சுகளைப் பயன்படுத்தும் முறைகளை மேம்படுத்துதல்.

பணியிட நச்சுகளின் தாக்கத்தைக் குறைப்பதன் மூலம், தொழிலாளர்களின் பாதுகாப்பு மற்றும் ஆரோக்கியத்தைப் பாதுகாக்க முடியும்.

வெளிப்பாட்டு பாதைகள் (சுவாசம், உட்கொள்ளல், தோல் உறிஞ்சுதல்)

வெளிப்பாடு என்பது ஒரு நபர் ஒரு நச்சு பொருளுக்கு எவ்வாறு வெளிப்படும் என்பதைக் குறிக்கிறது. வெளிப்பாட்டு பாதைகள் என்பது நச்சு பொருள் உடலில் நுழையும் வழியைக் குறிக்கிறது. முக்கிய வெளிப்பாட்டு பாதைகள் மூன்று:

- சுவாசம்: நச்சு வாயுக்கள், தூசிகள் அல்லது புகைகள் சுவாசிப்பதன் மூலம் உடலில் நுழையும்போது, அவை சுவாசப் பாதைகள் வழியாக இரத்தத்தில் கலந்து உடல் முழுவதும் பரவி, பாதிப்புகளை ஏற்படுத்தலாம்.

- உட்கொள்ளல்: நச்சு பொருட்கள் உணவு, தண்ணீர் அல்லது கைகளை சுத்தம் செய்யாமல் சாப்பிடுவதன் மூலம் உடலில் நுழையும்போது, அவை செரிமான மண்டலத்தின் வழியாக இரத்தத்தில் கலந்து உடல் முழுவதும் பரவி, பாதிப்புகளை ஏற்படுத்தலாம்.

- தோல் உறிஞ்சுதல்: நச்சு பொருட்கள் தோலில் படும்போது, அவை தோல் வழியாக இரத்தத்தில் கலந்து உடல் முழுவதும் பரவி, பாதிப்புகளை ஏற்படுத்தலாம்.

சுவாசப் பாதை வழியாக வெளிப்பாடு

சுவாசப் பாதை வழியாக வெளிப்பாடு என்பது மிகவும் பொதுவான வெளிப்பாட்டு வழி ஆகும். சுவாசப் பாதை வழியாக வெளிப்படும் நச்சு பொருட்கள் பின்வருமாறு:

- வாயுக்கள்: கார்பன் மோனாக்சைடு, அம்மோனியா, ஹைட்ரோ குளோரிக் அமிலம், சல்பர் டை ஆக்சைடு போன்றவை.

- தூசிகள்: அலுமினியம் தூசி, சிலிக்கா தூசி, நிலக்கரி தூசி போன்றவை.

- புகைகள்: மரப் புகை, பெட்ரோல் புகை, ரசாயனப் புகை போன்றவை.

சுவாசப் பாதை வழியாக வெளிப்படும் நச்சு பொருட்கள் சுவாசப் பிரச்சினைகள், நரம்பு பாதிப்புகள், கல்லீரல், சிறுநீரக பாதிப்புகள் மற்றும் புற்றுநோய் போன்ற பல்வேறு பாதிப்புகளை ஏற்படுத்தலாம்.

உட்கொள்ளல் வழியாக வெளிப்பாடு

உட்கொள்ளல் வழியாக வெளிப்பாடு என்பது குறைவான பொதுவான வெளிப்பாட்டு வழி ஆகும். உட்கொள்ளல் வழியாக வெளிப்படும் நச்சு பொருட்கள் பின்வருமாறு:

- மெர்குரி, ஆர்சனிக் போன்ற உலோகங்கள்.

- சிலிக்கான், கார்பன் மாலிப்டினேட் போன்ற தாதுக்கள்.

- மோனோமர்கள், பீனால்கள் போன்ற கரிமப் பொருட்கள்.

உட்கொள்ளல் வழியாக வெளிப்படும் நச்சு பொருட்கள் செரிமானப் பிரச்சினைகள், நரம்பு பாதிப்புகள், கல்லீரல், சிறுநீரக பாதிப்புகள் மற்றும் புற்றுநோய் போன்ற பல்வேறு பாதிப்புகளை ஏற்படுத்தலாம்.

தோல் உறிஞ்சுதல் வழியாக வெளிப்பாடு

தோல் உறிஞ்சுதல் வழியாக வெளிப்பாடு என்பது குறைவான பொதுவான வெளிப்பாட்டு வழி ஆகும். தோல் உறிஞ்சுதல் வழியாக வெளிப்படும் நச்சு பொருட்கள் பின்வருமாறு:

- கரிம கரைப்பான்கள், பெட்ரோலிய பொருட்கள் போன்ற கரிமப் பொருட்கள்.

- மெர்குரி, ஆர்சனிக் போன்ற உலோகங்கள்.

- சிலிக்கா, கார்பன் மாலிப்டினேட் போன்ற தாதுக்கள்.

தோல் உறிஞ்சுதல் வழியாக வெளிப்படும் நச்சு பொருட்கள் தோல் நோய்கள், நரம்பு பாதிப்புகள், கல்லீரல், சிறுநீரக பாதிப்புகள் மற்றும் புற்றுநோய் போன்ற பல்வேறு பாதிப்புகளை ஏற்படுத்தலாம்.

வெளிப்பாட்டு பாதைகளைக் குறைப்பதற்கான நடவடிக்கைகள்

குறிப்பிட்ட நச்சுகளின் கடுமையான மற்றும் நாள்பட்ட சுகாதார விளைவுகள்

நச்சுக்கள் என்பது உடலுக்கு தீங்கு விளைவிக்கும் பொருட்கள் ஆகும். நச்சுக்கள் பல்வேறு வழிகளில் உடலுக்கு தீங்கு விளைவிக்கலாம். அவற்றில் சில பின்வருமாறு:

- உடலின் திசுக்களை சேதப்படுத்தலாம்.

- உடலின் செயல்பாடுகளை பாதிக்கலாம்.

- புற்றுநோயை ஏற்படுத்தும்.

நச்சுகளின் தாக்கம் உடலில் வெளிப்படும் அளவு, வெளிப்படும் நேரம் மற்றும் வெளிப்படும் பாதை ஆகியவற்றைப் பொறுத்து மாறுபடும்.

கடுமையான சுகாதார விளைவுகள்

நச்சுகளுக்கு கடுமையான வெளிப்பாடு ஏற்படும்போது, அவை உடலில் உடனடியான பாதிப்புகளை ஏற்படுத்தலாம். இந்த பாதிப்புகள் பின்வருமாறு:

- சுவாசப் பிரச்சினைகள்: சுவாசப் பாதை வழியாக வெளிப்படும் நச்சுக்கள் சுவாசப் பிரச்சினைகளை ஏற்படுத்தும். இதில் மூச்சுத் திணறல், இருமல், சளி, காய்ச்சல் போன்றவை அடங்கும்.

- தோல் நோய்கள்: தோலில் படும் நச்சுக்கள் தோல் நோய்களை ஏற்படுத்தும். இதில் அரிப்பு, எரிச்சல், தோல் புண்கள் போன்றவை அடங்கும்.

- நரம்பு பாதிப்புகள்: நரம்பு மண்டலத்தை பாதிக்கும் நச்சுக்கள் தலைவலி, மயக்கம், பலவீனம், வாந்தி, குமட்டல் போன்ற அறிகுறிகளை ஏற்படுத்தும்.

- கல்லீரல், சிறுநீரக பாதிப்புகள்: கல்லீரல் மற்றும் சிறுநீரகங்களை பாதிக்கும் நச்சுக்கள் கல்லீரல் செயலிழப்பு, சிறுநீரக செயலிழப்பு போன்ற தீவிரமான பாதிப்புகளை ஏற்படுத்தும்.

- இறப்பு: சில நச்சுகள் உடனடியான இறப்பை ஏற்படுத்தலாம்.

நாள்பட்ட சுகாதார விளைவுகள்

குறைந்த அளவு நச்சுகளுக்கு நீண்ட காலமாக வெளிப்படும்போது, அவை உடலில் நாள்பட்ட பாதிப்புகளை ஏற்படுத்தலாம். இந்த பாதிப்புகள் பின்வருமாறு:

- சுவாச நோய்கள்: சுவாசப் பாதை வழியாக வெளிப்படும் நச்சுக்கள் சுவாச நோய்களை ஏற்படுத்தும். இதில் ஆஸ்துமா, நாள்பட்ட மூச்சுத் திணறல் போன்றவை அடங்கும்.

- தோல் நோய்கள்: தோலில் படும் நச்சுக்கள் தோல் நோய்களை ஏற்படுத்தும். இதில் புற்றுநோய் போன்ற தீவிரமான பாதிப்புகள் ஏற்படலாம்.

- நரம்பு பாதிப்புகள்: நரம்பு மண்டலத்தை பாதிக்கும் நச்சுக்கள் பார்வை இழப்பு, கேட்கும் இழப்பு, நினைவக இழப்பு போன்ற அறிகுறிகளை ஏற்படுத்தும்.

- கல்லீரல், சிறுநீரக பாதிப்புகள்: கல்லீரல் மற்றும் சிறுநீரகங்களை பாதிக்கும் நச்சுக்கள் கல்லீரல் புற்றுநோய், சிறுநீரக புற்றுநோய் போன்ற தீவிரமான பாதிப்புகளை ஏற்படுத்தலாம்.

- புற்றுநோய்: சில நச்சுகள் புற்றுநோயை ஏற்படுத்தும்.

குறிப்பிட்ட நச்சுகளின் சுகாதார விளைவுகள்

பலவிதமான நச்சுகள் உள்ளன. ஒவ்வொரு நச்சும் அதன் சொந்த தனித்துவமான சுகாதார விளைவுகளைக் கொண்டுள்ளது. சில குறிப்பிட்ட நச்சுகளின் சுகாதார விளைவுகள் பின்வருமாறு:

கார்பன் மோனாக்சைடு

கார்பன் மோனாக்சைடு என்பது ஒரு நிறமற்ற, மணமற்ற வாயு ஆகும். இது ஒரு தீவிரமான நச்சு ஆகும். கார்பன் மோனாக்சைடு சுவாசப் பாதை வழியாக உடலில் நுழைந்து இரத்தத்தில் கலந்து

ஆக்ஸிஜனை இணைக்கத் தடுக்கிறது. இதனால் உடலின் செல்கள் ஆக்ஸிஜன் பற்றாக்குறையால் பாதிக்கப்படுகின்றன.

கார்பன் மோனாக்சைட்டுக்கு வெளிப்படும் அறிகுறிகள்

தொழில்நுட்ப விஷத்தின் முதல்நிலை ஆய்வுகள்

தொழில்நுட்ப விஷம் என்பது தொழில்களில் பயன்படுத்தப்படும் பொருட்கள் மற்றும் செயல்முறைகளால் ஏற்படும் நச்சுத்தன்மையைக் குறிக்கிறது. தொழில்நுட்ப விஷம் தொழிலாளர்களின் உடல்நலத்திற்கு பல்வேறு வழிகளில் பாதிப்பை ஏற்படுத்தலாம்.

தொழில்நுட்ப விஷத்தின் முதல்நிலை ஆய்வுகள் என்பது தொழில்நுட்ப விஷத்தின் தாக்கங்களைக் கண்டறியும் ஆய்வுகள் ஆகும். இந்த ஆய்வுகள் தொழில்நுட்ப விஷத்திற்கு வெளிப்படும் தொழிலாளர்களின் உடல்நலத்தில் ஏற்படும் மாற்றங்களைக் கண்டறியும் நோக்கில் மேற்கொள்ளப்படுகின்றன.

தொழில்நுட்ப விஷத்தின் முதல்நிலை ஆய்வுகள் பின்வரும் வழிகளில் மேற்கொள்ளப்படுகின்றன:

- சுகாதார பரிசோதனைகள்: தொழிலாளர்களின் உடல்நலத்தில் ஏற்படும் மாற்றங்களைக் கண்டறிய சுகாதார பரிசோதனைகள் மேற்கொள்ளப்படுகின்றன. இந்த பரிசோதனைகளில் இரத்த பரிசோதனை, சிறுநீர் பரிசோதனை, மலம் பரிசோதனை, எக்ஸ்-ரே

பரிசோதனை, அல்ட்ராசவுண்ட் பரிசோதனை போன்றவை அடங்கும்.

- குறைந்த அளவிலான வெளிப்பாடு: தொழிலாளர்கள் குறைந்த அளவிலான நச்சுகளுக்கு வெளிப்படும்போது அவர்களின் உடல்நலத்தில் ஏற்படும் மாற்றங்களைக் கண்டறிய குறைந்த அளவிலான வெளிப்பாடு ஆய்வுகள் மேற்கொள்ளப்படுகின்றன. இந்த ஆய்வுகளில் தொழிலாளர்கள் குறிப்பிட்ட காலத்திற்கு ஒரு குறிப்பிட்ட அளவு நச்சுகளுக்கு வெளிப்படுத்தப்படுகிறார்கள். பின்னர் அவர்களின் உடல்நலத்தில் ஏற்படும் மாற்றங்கள் கண்காணிக்கப்படுகின்றன.

- விலங்கு ஆய்வுகள்: தொழில்நுட்ப விஷத்தின் தாக்கங்களைக் கண்டறிய விலங்கு ஆய்வுகள் மேற்கொள்ளப்படுகின்றன. இந்த ஆய்வுகளில் விலங்குகள் குறிப்பிட்ட அளவு நச்சுகளுக்கு வெளிப்படுத்தப்படுகின்றன. பின்னர் அவர்களின் உடல்நலத்தில் ஏற்படும் மாற்றங்கள் கண்காணிக்கப்படுகின்றன.

தொழில்நுட்ப விஷத்தின் முதல்நிலை ஆய்வுகளின் மூலம் தொழில்நுட்ப விஷத்தின் தாக்கங்களைப் பற்றிய தகவல்களைப் பெற

முடியும். இந்த தகவல்களைப் பயன்படுத்தி தொழில்நுட்ப விஷத்தின் தாக்கங்களைக் குறைக்க நடவடிக்கைகள் எடுக்கப்படலாம்.

தொழில்நுட்ப விஷத்தின் முதல்நிலை ஆய்வுகள் பின்வரும் நோக்கங்களுக்காக மேற்கொள்ளப்படுகின்றன:

- தொழில்நுட்ப விஷத்தின் தாக்கங்களைக் கண்டறிதல்

- தொழில்நுட்ப விஷத்தின் காரணிகளைக் கண்டறிதல்

- தொழில்நுட்ப விஷத்தின் தாக்கத்தைக் குறைக்க நடவடிக்கைகளை வகுத்தல்

தொழில்நுட்ப விஷத்தின் முதல்நிலை ஆய்வுகள் தொழில்நுட்ப விஷத்தின் தாக்கங்களைக் குறைக்க உதவும் முக்கியமான ஆய்வுகள் ஆகும்.

Chapter 3: Personal Protective Equipment

அத்தியாயம் 3: தனிப்பட்ட பாதுகாப்பு உபகரணங்கள் (PPE)

வெவ்வேறு ஆபத்துகளுக்கான PPE வகைகள் (எ.கா., சுவாசக் கருவிகள், கையுறைகள், கண்ணாடிகள்)

PPE என்பது தனிப்பட்ட பாதுகாப்பு உபகரணங்கள் (Personal Protective Equipment) ஆகும். இது தொழிலாளர்களின் பாதுகாப்பை மேம்படுத்தப் பயன்படுத்தப்படுகிறது. PPE தொழிலாளர்களை உடல் காயங்கள், நச்சு வெளிப்பாடுகள் மற்றும் பிற ஆபத்துகளிலிருந்து பாதுகாக்கிறது.

PPE பல்வேறு வகைகளில் கிடைக்கிறது. ஒவ்வொரு வகை PPE ஒரு குறிப்பிட்ட ஆபத்தைத் தடுக்க வடிவமைக்கப்பட்டுள்ளது.

சுவாசக் கருவிகள்

சுவாசக் கருவிகள் தொழிலாளர்களை காற்று மாசுபாடு, நச்சு வாயுக்கள் மற்றும் புகை போன்ற ஆபத்துகளிலிருந்து பாதுகாக்கின்றன. சுவாசக் கருவிகள் பின்வரும் வகைகளில் கிடைக்கின்றன:

- முகமூடிகள்: முகமூடிகள் தொழிலாளர்களின் முகத்தை மூடி, காற்றில் உள்ள தூசி, புகை மற்றும் பிற மாசுபாட்டிலிருந்து பாதுகாக்கின்றன.

- சுவாசக் கருவிகள்: சுவாசக் கருவிகள் தொழிலாளர்களின் மூக்கையும் வாயையும் மூடி, காற்றில் உள்ள நச்சு வாயுக்கள் மற்றும் புகை போன்ற ஆபத்தான பொருட்களிலிருந்து பாதுகாக்கின்றன.

- பூமியின் காற்று சுவாசக் கருவிகள்: பூமியின் காற்று சுவாசக் கருவிகள் தொழிலாளர்களை காற்று மாசுபாட்டிலிருந்து பாதுகாக்கின்றன. இந்த கருவிகள் தொழிலாளர்களின் மூக்கையும் வாயையும் மூடி, காற்றில் உள்ள தூசி, புகை மற்றும் பிற மாசுபாட்டிலிருந்து பாதுகாக்கின்றன. மேலும், அவை தொழிலாளர்களுக்கு பூமியின் காற்றை சுவாசிக்க அனுமதிக்கின்றன.

கையுறைகள்

கையுறைகள் தொழிலாளர்களின் கைகளை தீ, வெப்பம், ரசாயனங்கள், கீறல்கள் மற்றும் பிற ஆபத்துகளிலிருந்து பாதுகாக்கின்றன. கையுறைகள் பின்வரும் வகைகளில் கிடைக்கின்றன:

- தோல் கையுறைகள்: தோல் கையுறைகள் தொழிலாளர்களின் கைகளை தீ, வெப்பம் மற்றும் கீறல்கள் போன்ற ஆபத்துகளிலிருந்து பாதுகாக்கின்றன.

- ரசாயன கையுறைகள்: ரசாயன கையுறைகள் தொழிலாளர்களின் கைகளை ரசாயனங்களிலிருந்து பாதுகாக்கின்றன.

- தீ எதிர்ப்பு கையுறைகள்: தீ எதிர்ப்பு கையுறைகள் தொழிலாளர்களின் கைகளை தீ மற்றும் வெப்பத்திலிருந்து பாதுகாக்கின்றன.

கண்ணாடிகள்

கண்ணாடிகள் தொழிலாளர்களின் கண்களை தூசி, புகை, ரசாயனங்கள் மற்றும் பிற ஆபத்துகளிலிருந்து பாதுகாக்கின்றன. கண்ணாடிகள் பின்வரும் வகைகளில் கிடைக்கின்றன:

- கண் கவசம்: கண் கவசம் தொழிலாளர்களின் கண்களை தூசி, புகை மற்றும் பிற பெரிய துகள்களிலிருந்து பாதுகாக்கின்றன.

- கண் பாதுகாப்பு கண்ணாடிகள்: கண் பாதுகாப்பு கண்ணாடிகள் தொழிலாளர்களின் கண்களை ரசாயனங்கள் மற்றும் பிற சிறிய துகள்களிலிருந்து பாதுகாக்கின்றன.

- முகக் கவசம்: முகக் கவசம் தொழிலாளர்களின் முகத்தை முழுவதுமாக மூடி, தூசி, புகை, ரசாயனங்கள் மற்றும் பிற ஆபத்துகளிலிருந்து பாதுகாக்கின்றன.

இவை தவிர, PPE இன் பிற வகைகள் பின்வருமாறு:

- தலைக்கவசம்: தலைக்கவசம் தொழிலாளர்களின் தலையை விபத்துக்களிலிருந்து பாதுகாக்கின்றன.

- காது கேளாத கருவிகள்: காது கேளாத கருவிகள் தொழிலாளர்களை சத்தத்திலிருந்து பாதுகாக்கின்றன.

- தொப்புள் உறைகள்: தொப்புள் உறைகள் தொழிலாளர்களை துளைகள் மற்றும் வெட்டுக்களில் இருந்து பாதுகாக்கின்றன.

பொருத்தமான PPE தேர்வு மற்றும் அணிதல்

தொழிலாளர்களின் பாதுகாப்பை மேம்படுத்த PPE (Personal Protective Equipment) முக்கிய பங்கு வகிக்கிறது. PPE தொழிலாளர்களை உடல் காயங்கள், நச்சு வெளிப்பாடுகள் மற்றும் பிற ஆபத்துகளிலிருந்து பாதுகாக்கிறது.

PPE தேர்ந்தெடுக்கும்போது, அது தொழில்நுட்பத்தில் உள்ள ஆபத்துக்களைத் தடுக்க வடிவமைக்கப்பட்டதா என்பதை உறுதிப்படுத்திக் கொள்ள வேண்டும். PPE சரியாக அணிந்தால் மட்டுமே அது முழுமையான பாதுகாப்பை வழங்கும்.

PPE தேர்வு

PPE தேர்ந்தெடுக்கும்போது பின்வரும் காரணிகளைக் கருத்தில் கொள்ள வேண்டும்:

- ஆபத்து: தொழில்நுட்பத்தில் உள்ள ஆபத்துகளைப் பற்றிய முழுமையான புரிதல் வேண்டும்.

- PPE வகை: ஒவ்வொரு வகை PPE ஒரு குறிப்பிட்ட ஆபத்தைத் தடுக்க வடிவமைக்கப்பட்டுள்ளது.

- PPE அளவு: PPE சரியாக பொருந்துவதை உறுதிப்படுத்திக் கொள்ள வேண்டும்.

- PPE பொருள்: PPE உற்பத்தி செய்யப்படும் பொருள் அது எதிர்கொள்ளும் ஆபத்துக்களுக்கு ஏற்றதா என்பதை உறுதிப்படுத்திக் கொள்ள வேண்டும்.

PPE அணிதல்

PPE அணியும்போது பின்வரும் படிகளைப் பின்பற்ற வேண்டும்:

1. PPE சரியாக பொருந்துவதை உறுதிப்படுத்திக் கொள்ளுங்கள்.

2. PPE ஐ சரியாக அணிவது எப்படி என்பதை அறிந்து கொள்ளுங்கள்.

3. PPE ஐ அணிவதற்கு முன், அது சேதமடைந்ததா அல்லது அதன் வேலை செய்யும் திறனை இழந்ததா என்பதை சரிபார்க்கவும்.

4. PPE ஐ அணிந்த பிறகு, அது சரியாக பொருந்துகிறதா என்பதை மீண்டும் சரிபார்க்கவும்.

5. PPE ஐ அணிந்த போது, அதை சரியான நிலையிலும் நிலையில் வைத்திருங்கள்.

6. PPE ஐ அணிந்த பிறகு, அதை சரியாக கழுவி, உலர வைக்கவும்.

PPE பராமரிப்பு

PPE ஐ சரியான முறையில் பராமரித்தால், அதன் ஆயுளை நீட்டிக்கலாம் மற்றும் அதன் பாதுகாப்பு செயல்திறனை மேம்படுத்தலாம். PPE பராமரிப்பு பின்வரும் படிகளை உள்ளடக்கியது:

- PPE ஐ அடிக்கடி சரிபார்க்கவும். PPE சேதமடைந்திருந்தால், அதை உடனடியாக மாற்றவும்.

- PPE ஐ சரியான முறையில் சுத்தம் செய்யவும். PPE ஐ சுத்தம் செய்ய, உற்பத்தியாளரின் வழிமுறைகளைப் பின்பற்றவும்.

- PPE ஐ உலர்ந்த இடத்தில் சேமிக்கவும்.

PPE என்பது தொழிலாளர் பாதுகாப்பின் ஒரு முக்கிய அங்கமாகும். பொருத்தமான PPE தேர்ந்தெடுத்து சரியாக அணிவதன் மூலம், தொழிலாளர்கள் தங்கள் வேலையில் பாதுகாப்பாக இருக்கலாம்.

PPE தேர்வு மற்றும் அணிவதற்கான கூடுதல் குறிப்புகள்

- PPE தேர்ந்தெடுக்கும்போது, உங்கள் தொழில்நுட்பத்தின் அனைத்து ஆபத்துகளையும் கருத்தில் கொள்ளுங்கள். ஆபத்துகளைக் குறைக்க உதவும் கூடுதல் PPE தேவைப்படலாம்.

- PPE ஐ அணியும்போது, அது உங்கள் வேலையின் இடையூறு இல்லாமல் இருக்க வேண்டும். இருப்பினும், அது உங்கள் பாதுகாப்பை குறைக்கக்கூடாது.

- PPE ஐ அணியும்போது, அது உங்கள் உடல்நலத்திற்கு பாதுகாப்பானதா என்பதை உறுதிப்படுத்திக் கொள்ளுங்கள். உங்களுக்கு ஏதேனும் உடல்நலப் பிரச்சினைகள் இருந்தால், உங்கள் மருத்துவரிடம் பேசுங்கள்.

- PPE ஐ அணியும்போது, அது உங்கள் உடல்நலத்தை பாதிக்கக்கூடாது என்பதை உறுதிப்படுத்திக் கொள்ளுங்கள். உங்களுக்கு ஏதேனும் உடல்நலப் பிரச்சினைகள் இருந்தால், உங்கள் மருத்துவரிடம் பேசுங்கள்.

PPE இன் சரியான பயன்பாடு, பராமரிப்பு மற்றும் சேமிப்பு

PPE (Personal Protective Equipment) என்பது தொழிலாளர்களின் பாதுகாப்பை மேம்படுத்தப் பயன்படுத்தப்படும் தனிப்பட்ட பாதுகாப்பு உபகரணங்கள் ஆகும். PPE தொழிலாளர்களை உடல் காயங்கள், நச்சு வெளிப்பாடுகள் மற்றும் பிற ஆபத்துகளிலிருந்து பாதுகாக்கிறது.

PPE ஐப் பயன்படுத்துவது, பராமரிப்பது மற்றும் சேமிப்பது முக்கியம். PPE ஐ சரியாகப் பயன்படுத்தவில்லை என்றால், அது தொழிலாளர்களின் பாதுகாப்பை பாதிக்கும்.

PPE இன் சரியான பயன்பாடு

PPE ஐ சரியாகப் பயன்படுத்துவதற்கு, பின்வரும் படிகளைப் பின்பற்ற வேண்டும்:

1. PPE சரியாக பொருந்துவதை உறுதிப்படுத்திக் கொள்ளுங்கள். PPE சரியாக பொருந்தவில்லை என்றால், அது தொழிலாளர்களை பாதுகாக்க முடியாது.

2. PPE ஐ சரியாக அணிவது எப்படி என்பதை அறிந்து கொள்ளுங்கள். PPE ஐ சரியாக அணிவது எப்படி என்பதை உற்பத்தியாளரின் வழிமுறைகளைப் பின்பற்றவும்.

3. PPE ஐ அணிவதற்கு முன், அது சேதமடைந்ததா அல்லது அதன் வேலை செய்யும் திறனை இழந்ததா என்பதை சரிபார்க்கவும். PPE சேதமடைந்திருந்தால், அதை உடனடியாக மாற்றவும்.

4. PPE ஐ அணிந்த பிறகு, அது சரியாக பொருந்துகிறதா என்பதை மீண்டும் சரிபார்க்கவும்.

5. PPE ஐ அணிந்த போது, அதை சரியான நிலையிலும் நிலையில் வைத்திருங்கள்.

6. PPE ஐ அணிந்த பிறகு, அதை சரியாக கழுவி, உலர வைக்கவும்.

PPE இன் சரியான பராமரிப்பு

PPE ஐ சரியான முறையில் பராமரித்தால், அதன் ஆயுளை நீட்டிக்கலாம் மற்றும் அதன் பாதுகாப்பு செயல்திறனை மேம்படுத்தலாம். PPE பராமரிப்பு பின்வரும் படிகளை உள்ளடக்கியது:

1. PPE ஐ அடிக்கடி சரிபார்க்கவும். PPE சேதமடைந்திருந்தால், அதை உடனடியாக மாற்றவும்.

2. PPE ஐ சரியான முறையில் சுத்தம் செய்யவும். PPE ஐ சுத்தம் செய்ய, உற்பத்தியாளரின் வழிமுறைகளைப் பின்பற்றவும்.

3. PPE ஐ உலர்ந்த இடத்தில் சேமிக்கவும்.

PPE இன் சரியான சேமிப்பு

PPE ஐ சரியான முறையில் சேமித்தால், அது சேதமடையாமல் பாதுகாக்கப்படும். PPE சேமிப்பு பின்வரும் படிகளை உள்ளடக்கியது:

1. PPE ஐ ஒரு பாதுகாப்பான இடத்தில் சேமிக்கவும். PPE ஐ சேமிக்கும் இடம் காற்றோட்டமாகவும், ஈரப்பதம் இல்லாமலும் இருக்க வேண்டும்.

2. PPE ஐ ஒரு சுத்தமான இடத்தில் சேமிக்கவும். PPE ஐ சேமிக்கும் இடம் சுத்தமாகவும், குப்பைகளிலிருந்து அகற்றப்பட்டதாகவும் இருக்க வேண்டும்.

3. PPE ஐ அதன் உற்பத்தியாளரின் வழிமுறைகளின்படி சேமிக்கவும்.

PPE இன் சரியான பயன்பாடு, பராமரிப்பு மற்றும் சேமிப்புக்கான கூடுதல் குறிப்புகள்

- PPE ஐ அணியும்போது, உங்கள் வேலையின் இடையூறு இல்லாமல் இருக்க வேண்டும். இருப்பினும், அது உங்கள் பாதுகாப்பை குறைக்கக்கூடாது.

- PPE ஐ அணியும்போது, அது உங்கள் உடல்நலத்திற்கு பாதுகாப்பானதா என்பதை உறுதிப்படுத்திக்

கொள்ளுங்கள். உங்களுக்கு ஏதேனும் உடல்நலப் பிரச்சினைகள் இருந்தால், உங்கள் மருத்துவரிடம் பேசுங்கள்.

- PPE ஐ அணியும்போது, அது உங்கள் உற்பத்தித்திறனை பாதிக்கக்கூடாது. PPE ஐ அணிவது உங்கள் வேலையை செய்வதை கடினமாக்கினால், உங்கள் மேலாளரிடம் பேசுங்கள்.

PPE இன் சரியான பயன்பாடு, பராமரிப்பு மற்றும் சேமிப்பு மூலம், தொழிலாளர்கள் தங்கள் வேலையில் பாதுகாப்பாக இருக்கலாம்.

PPE இன் குறைபாடுகள் மற்றும் பிற கட்டுப்பாட்டு நடவடிக்கைகளின் முக்கியத்துவம்

முன்னுரை

PPE என்பது தொழில்சார் ஆபத்துகளிலிருந்து பாதுகாப்பதற்காகப் பயன்படுத்தப்படும் தனிப்பட்ட பாதுகாப்பு உபகரணங்களைக் குறிக்கிறது. இது தொழிலாளர்களின் ஆரோக்கியம் மற்றும் பாதுகாப்பை மேம்படுத்துவதில் ஒரு முக்கிய பங்கு வகிக்கிறது. இருப்பினும், PPE இன் சில குறைபாடுகள் உள்ளன. இந்த குறைபாடுகளை புரிந்துகொள்வது, PPE ஐப் பயன்படுத்தும்போது பிற கட்டுப்பாட்டு நடவடிக்கைகளை எவ்வாறு மேம்படுத்தலாம் என்பதைப் புரிந்துகொள்வதற்கு அவசியம்.

PPE இன் குறைபாடுகள்

PPE இன் சில முக்கிய குறைபாடுகள் பின்வருமாறு:

- PPE சரியாகப் பயன்படுத்தப்படாவிட்டால், அது பாதுகாப்பாக இருக்காது. PPE ஐப் பயன்படுத்தும்போது, அதை சரியாக பொருத்தவும், பயன்படுத்தவும், பராமரிக்க வும் கற்றுக்கொள்வது அவசியம்.

- PPE சில நேரங்களில் ஆபத்தான பொருட்களுக்கு முழுமையான பாதுகாப்பை வழங்காது. எடுத்துக்காட்டாக, புகைப்பழக்கத்திற்கு ஆபத்தான பொருட்களிலிருந்து பாதுகாக்க, PPE ஐப் பயன்படுத்தும்போது, சரியான சுவாசப் பாதுகாப்பையும் பயன்படுத்துவது அவசியம்.

- PPE சில நேரங்களில் விலை உயர்ந்தது. தொழிலாளர்கள் PPE ஐப் பயன்படுத்த முடியாத அளவிற்கு விலை உயர்ந்தால், அவர்கள் ஆபத்தான சூழ்நிலைகளில் வேலை செய்ய வேண்டியிருக்கும்.

PPE ஐப் பயன்படுத்தும்போது பிற கட்டுப்பாட்டு நடவடிக்கைகளின் முக்கியத்துவம்

PPE இன் குறைபாடுகளை ஈடுசெய்ய, PPE ஐப் பயன்படுத்தும்போது பிற கட்டுப்பாட்டு நடவடிக்கைகளை எடுக்க வேண்டியது அவசியம். இந்த நடவடிக்கைகளில் பின்வருவன அடங்கும்:

- ஆபத்துகளை அடையாளம் காணுதல் மற்றும் குறைத்தல்: PPE ஐப் பயன்படுத்துவதற்கு முன், ஆபத்துகளை அடையாளம் கண்டு அவற்றை குறைக்க நடவடிக்கை எடுக்க வேண்டும். எடுத்துக்காட்டாக, ஒரு தொழிலாளர் ரசாயனங்களுக்கு ஆபத்தில் இருந்தால், ரசாயனங்களைப்

பயன்படுத்துவதைத் தவிர்க்கலாம் அல்லது ரசாயனங்களின் அளவைக் குறைக்கலாம்.

* முறையான சுகாதார மற்றும் பாதுகாப்பு பயிற்சி: தொழிலாளர்கள் PPE ஜ எவ்வாறு சரியாகப் பயன்படுத்துவது என்பதை அறிய வேண்டும். தொழிலாளர்களுக்கு முறையான சுகாதார மற்றும் பாதுகாப்பு பயிற்சி வழங்குவது அவசியம்.

* PPE ஐப் பயன்படுத்துவதைக் கண்காணித்தல்: தொழிலாளர்கள் PPE ஐப் சரியாகப் பயன்படுத்துகிறார்களா என்பதை கண்காணிப்பது அவசியம். தொழிலாளர்கள் PPE ஐப் சரியாகப் பயன்படுத்தாவிட்டால், அவர்களை சரியான முறையில் பயன்படுத்துமாறு பயிற்றுவிக்க வேண்டும்.

முடிவுரை

PPE என்பது தொழில்சார் ஆபத்துகளிலிருந்து பாதுகாப்பதற்கான ஒரு முக்கிய கருவியாகும். இருப்பினும், PPE இன் குறைபாடுகளை புரிந்துகொள்வதும், PPE ஐப் பயன்படுத்தும்போது பிற கட்டுப்பாட்டு நடவடிக்கைகளை மேம்படுத்துவதும் அவசியம்.

1800 வார்த்தைகளுக்குரிய விரிவான கட்டுரை

PPE இன் குறைபாடுகள்

PPE இன் சில முக்கிய குறைபாடுகள் பின்வருமாறு:

- PPE சரியாகப் பயன்படுத்தப்படாவிட்டால், அது பாதுகாப்பாக இருக்காது. PPE ஐப் பயன்படுத்தும்போது, அதை சரியாக பொருத்தவும், பயன்படுத்தவும், பராமரிக்கவும் கற்றுக்கொள்வது அவசியம். PPE ஐப் பயன்படுத்தும்போது பின்வரும் தவறுகள் பொதுவாக செய்யப்படுகின்றன:

    ○ PPE சரியாக பொருத்தப்படவில்லை. PPE சரியாக பொருத்தப்படவில்லை என்றால், அது ஆபத்தான பொருட்களைத் தடுத்து நிறுத்த முடியாது.

    ○ PPE சரியாகப் பயன்படுத்தப்படவில்லை. PPE ஐப் பயன்படுத்தும்போது, அதை சரியாக அணிவது மற்றும் அகற்றுவது அவசியம்.

Chapter 4: Engineering Controls and Work Practices

அத்தியாயம் 4: பொறியியல் கட்டுப்பாடு மற்றும் பணி நடைமுறைகள்

ஆபத்து கட்டுப்பாட்டு படிநிலை (நீக்குதல், மாற்று, பொறியியல், நிர்வாகம்)

முன்னுரை

ஆபத்து என்பது ஒரு தொழிலாளியின் ஆரோக்கியம் அல்லது பாதுகாப்பை பாதிக்கும் எந்தவொரு நிகழ்வையும் குறிக்கிறது. ஆபத்துகள் பல்வேறு வடிவங்களில் இருக்கலாம், அவை இயந்திரங்கள், ரசாயனங்கள், உயரம், மின்சாரம் மற்றும் வெப்பம் போன்றவற்றிலிருந்து இருக்கலாம். ஆபத்துகளைக் கட்டுப்படுத்துவது தொழிலாளர்களின் பாதுகாப்பை மேம்படுத்துவதற்கும் தொழில்சார் விபத்துக்கள் மற்றும் நோய்களைத் தவிர்ப்பதற்கும் அவசியம்.

ஆபத்து கட்டுப்பாட்டு படிநிலை என்பது ஆபத்துகளைக் கட்டுப்படுத்துவதற்கான ஒரு முறையாகும். இது நான்கு அடிப்படை படிகளை உள்ளடக்கியது:

1. நீக்குதல்
2. மாற்று
3. பொறியியல்
4. நிர்வாகம்

நீக்குதல்

நீக்குதல் என்பது ஆபத்தை அதன் ஆதாரத்திலிருந்து நீக்குவதாகும். இது ஆபத்து கட்டுப்பாட்டு படிநிலையின் மிகவும் பயனுள்ள அளவாகும். நீக்குதல் மூலம், ஆபத்து இருப்பதைத் தடுக்கலாம், இதனால் தொழிலாளர்கள் அதில் ஆபத்தில் சிக்கிக்கொள்ள மாட்டார்கள்.

நீக்குதலுக்கு சில எடுத்துக்காட்டுகள் பின்வருமாறு:

- இயந்திரங்களில் ஆபத்தான பாகங்களை அகற்றுதல்
- ரசாயனங்களைப் பயன்படுத்துவதைத் தவிர்த்தல்
- உயரமான இடங்களில் வேலை செய்வதை அகற்றுதல்

மாற்று

மாற்று என்பது ஆபத்தை குறைந்த ஆபத்தான ஒன்றுடன் மாற்றுவதாகும். இது நீக்குதலுக்கு

அடுத்த மிகவும் பயனுள்ள அளவாகும். மாற்று மூலம், ஆபத்து இன்னும் இருப்பதைத் தடுக்க முடியாது, ஆனால் அது குறைவாக ஆபத்தானது.

மாற்றத்திற்கு சில எடுத்துக்காட்டுகள் பின்வருமாறு:

- பாதுகாப்பான ரசாயனங்களைப் பயன்படுத்துதல்
- உயரமான இடங்களில் வேலை செய்யும் போது பாதுகாப்பு உபகரணங்களைப் பயன்படுத்துதல்

பொறியியல்

பொறியியல் என்பது ஆபத்தைத் தடுக்க அல்லது குறைக்க பொறியியல் கட்டுப்பாட்டு நடவடிக்கைகளை செயல்படுத்துவதாகும். இது மூன்றாவது பயனுள்ள அளவாகும். பொறியியல் கட்டுப்பாட்டு நடவடிக்கைகள் ஆபத்தை நேரடியாகத் தடுக்கின்றன அல்லது குறைக்கின்றன.

பொறியியல் கட்டுப்பாட்டு நடவடிக்கைகளுக்கு சில எடுத்துக்காட்டுகள் பின்வருமாறு:

- பாதுகாப்பு கதவுகள் மற்றும் ஜன்னல்களை நிறுவல்
- பாதுகாப்பு கருவிகளைப் பயன்படுத்துதல்

- உயரமான இடங்களில் வேலை செய்யும் போது பாதுகாப்பு அமைப்புகளை நிறுவல்

நிர்வாகம்

நிர்வாகம் என்பது ஆபத்துகளைக் கட்டுப்படுத்துவதற்கான நிர்வாக நடவடிக்கைகளை செயல்படுத்துவதாகும். இது நான்காவது மற்றும் குறைந்த பயனுள்ள அளவாகும். நிர்வாக நடவடிக்கைகள் ஆபத்துகளைத் தடுக்க அல்லது குறைக்க நேரடியாக செயல்படாது, ஆனால் அவை ஆபத்துகளைக் கட்டுப்படுத்த உதவும்.

நிர்வாக நடவடிக்கைகளுக்கு சில எடுத்துக்காட்டுகள் பின்வருமாறு:

- ஆபத்துகள் பற்றிய தொழிலாளர்களுக்கு பயிற்சி அளித்தல்

- ஆபத்துகளைக் கட்டுப்படுத்துவதற்கான கொள்கைகள் மற்றும் நடைமுறைகளை உருவாக்குதல்

- ஆபத்துகளைக் கண்காணித்தல் மற்றும் மதிப்பீடு செய்தல்

ஆபத்து கட்டுப்பாட்டு படிநிலையின் முக்கியத்துவம்

ஆபத்து கட்டுப்பாட்டு படிநிலை என்பது தொழிலாளர்களின் பாதுகாப்பை மேம்படுத்துவதற்கும் தொழில்சார் விபத்துக்கள் மற்றும் நோய்களைத் தவிர்ப்பதற்கும் ஒரு பயனுள்ள கருவியாகும்.

பொறியியல் கட்டுப்பாடுகள் (காற்றோட்டம், தனிமைப்படுத்தல், தானியங்கு)

முன்னுரை

ஆபத்து கட்டுப்பாட்டு படிநிலையின் மூன்றாவது நிலையான பொறியியல் கட்டுப்பாடுகள், ஆபத்தைத் தடுக்க அல்லது குறைக்க பொறியியல் கட்டுப்பாட்டு நடவடிக்கைகளை செயல்படுத்துவதாகும். பொறியியல் கட்டுப்பாடுகள் ஆபத்தை நேரடியாகத் தடுக்கின்றன அல்லது குறைக்கின்றன.

காற்றோட்டம்

காற்றோட்டம் என்பது ஆபத்தான பொருட்களை அகற்ற அல்லது நீர்த்துப்போகச் செய்யப் பயன்படுத்தப்படும் ஒரு பொறியியல் கட்டுப்பாட்டு நடவடிக்கையாகும். காற்றோட்டம் ஆபத்தான பொருட்களின் செறிவைக் குறைக்க உதவுகிறது, இது தொழிலாளர்கள் ஆபத்தில் சிக்கிக்கொள்ளும் அபாயத்தை குறைக்கிறது.

காற்றோட்டத்தின் எடுத்துக்காட்டுகள் பின்வருமாறு:

- வீடியோ காட்சிகள் மற்றும் ரசாயன உற்பத்தி போன்ற பகுதிகளில் உள் சுழற்சி காற்றோட்டம்

- உயரமான இடங்களில் வேலை செய்யும் போது காற்றோட்டம்
- தீ மற்றும் வெடிப்புகள் ஏற்படும் அபாயத்தைக் குறைக்க உதவும் வகையில் வெளியீட்டு காற்றோட்டம்

தனிமைப்படுத்தல்

தனிமைப்படுத்தல் என்பது ஆபத்தான பொருட்களை தொழிலாளர்களிடமிருந்து பிரிப்பதற்கான ஒரு பொறியியல் கட்டுப்பாட்டு நடவடிக்கையாகும். தனிமைப்படுத்தல் ஆபத்தான பொருட்களுடன் தொழிலாளர்கள் தொடர்புகொள்வதை தடுக்கிறது.

தனிமைப்படுத்தலின் எடுத்துக்காட்டுகள் பின்வருமாறு:

- பாதுகாப்பு கதவுகள் மற்றும் ஜன்னல்கள்
- பாதுகாப்பு கருவிகளைப் பயன்படுத்துதல்
- உயரமான இடங்களில் வேலை செய்யும் போது பாதுகாப்பு அமைப்புகளை நிறுவல்

தானியங்கு

தானியங்கு என்பது ஆபத்தான செயல்பாடுகளை தானியக்கமாக்கப் பயன்படுத்தப்படும் ஒரு பொறியியல் கட்டுப்பாட்டு நடவடிக்கையாகும். தானியக்கம் தொழிலாளர்கள் ஆபத்தான

சூழ்நிலைகளில் தங்களைத் தாங்களே வெளிப்படுத்தாமல் செய்ய உதவுகிறது.

தானியக்கத்தின் எடுத்துக்காட்டுகள் பின்வருமாறு:

- இயந்திரங்களை தானியக்கமாக்குதல்
- தீ மற்றும் வெடிப்புகள் ஏற்படும் அபாயத்தைக் குறைக்க உதவும் வகையில் தானியங்கு கட்டுப்பாட்டு அமைப்புகள்

பொறியியல் கட்டுப்பாடுகளின் நன்மைகள்

பொறியியல் கட்டுப்பாடுகள் ஆபத்துகளைக் கட்டுப்படுத்த ஒரு பயனுள்ள வழியாகும். அவை ஆபத்தை நேரடியாகத் தடுக்கின்றன அல்லது குறைக்கின்றன, இது தொழிலாளர்களின் பாதுகாப்பை மேம்படுத்த உதவுகிறது. பொறியியல் கட்டுப்பாடுகளின் சில நன்மைகள் பின்வருமாறு:

- அவை ஆபத்தைத் தடுக்க அல்லது குறைக்க மிகவும் பயனுள்ளவை.
- அவை ஆபத்தைக் கட்டுப்படுத்த ஒரு நிலையான மற்றும் நீடித்த வழியை வழங்குகின்றன.
- அவை தொழிலாளர்களின் பாதுகாப்பை மேம்படுத்த உதவும் ஒரு பகுதியாகும்.

பொறியியல் கட்டுப்பாடுகளின் கட்டுப்படுத்திகள்

பொறியியல் கட்டுப்பாடுகளை கட்டுப்படுத்த பொதுவாக பின்வரும் கட்டுப்பாட்டு வழிமுறைகள் பயன்படுத்தப்படுகின்றன:

- நெறிமுறைகள் மற்றும் கொள்கைகள்: பொறியியல் கட்டுப்பாடுகளை உருவாக்க மற்றும் செயல்படுத்த தொழிலாளர்களின் பொறுப்புகளை வரையறுக்கும் நெறிமுறைகள் மற்றும் கொள்கைகள் உருவாக்கப்பட வேண்டும்.

- பயிற்சி: தொழிலாளர்கள் பொறியியல் கட்டுப்பாடுகளை எவ்வாறு சரியாகப் பயன்படுத்துவது என்பதைப் பற்றி பயிற்சி அளிக்கப்பட வேண்டும்.

- மீறல்களைக் கண்காணித்தல்: பொறியியல் கட்டுப்பாடுகள் மீறப்பட்டால், அவை சரிசெய்யப்படுவதை உறுதி செய்ய மீறல்களைக் கண்காணிக்க வேண்டும்.

பாதுகாப்பான பணி நடைமுறைகள் மற்றும் செயல்முறைகள்

முன்னுரை

தொழிலில் பாதுகாப்பு என்பது எப்போதும் முக்கியமானது. ஆபத்தான மற்றும் தீங்கு விளைவிக்கும் சூழலில் பணிபுரியும் நபர்களுக்காக பாதுகாப்பான பணி நடைமுறைகள் மற்றும் செயல்முறைகள் அவசியம். இந்த நடைமுறைகள் ஆபத்துகளை குறைக்கவும், விபத்துக்கள் மற்றும் காயங்களைத் தடுக்கவும் உதவுகின்றன, இதன் மூலம் ஆரோக்கியமான மற்றும் உற்பத்தி திறன் மிக்க பணியிடத்தை உருவாக்குகின்றன.

பாதுகாப்பான பணி நடைமுறைகளின் முக்கியத்துவம்

பாதுகாப்பான பணி நடைமுறைகள் பின்வரும் காரணங்களுக்காக அவசியம்:

- தொழிலாளர்களின் பாதுகாப்பை மேம்படுத்துதல்: பாதுகாப்பான பணி நடைமுறைகள் ஆபத்துகளை குறைக்க உதவுகின்றன, இதன் மூலம் விபத்துக்கள் மற்றும் காயங்களின் அபாயத்தை குறைக்கின்றன. இது தொழிலாளர்கள் ஆரோக்கியமாகவும் பாதுகாப்பாகவும் தங்கள் பணியைச் செய்ய உதவுகிறது.

- செலவுகளைக் குறைத்தல்: விபத்துக்கள் மற்றும் காயங்கள் நிறுவனங்களுக்கு கணிசமான செலவுகளை ஏற்படுத்தும். மருத்துவ செலவுகள், இழந்த உற்பத்தித்திறன், ஊழியர் சுழற்சி அதிகரிப்பு மற்றும் மோசமான மன உறுதியுடைய குழு என அவற்றின் தாக்கம் பரந்துபட்டது. பாதுகாப்பான பணி நடைமுறைகள் இந்த செலவுகளை குறைக்க உதவுகின்றன.

- உற்பத்தித்திறனை அதிகரித்தல்: விபத்துக்கள் மற்றும் காயங்கள் பணி நேரத்தை இழப்பதற்கு வழிவகுக்கும், இதன் விளைவாக உற்பத்தித்திறன் குறையும். பாதுகாப்பான பணி நடைமுறைகள் விபத்துக்கள் மற்றும் காயங்களைத் தடுப்பதன் மூலம் உற்பத்தித்திறனை அதிகரிக்க உதவுகின்றன.

- மன உறுதியை மேம்படுத்துதல்: தொழிலாளர்கள் தங்கள் பணிச்சூழலில் பாதுகாப்பாக இருப்பதாக உணர்ந்தால், அவர்கள் மிகவும் உற்பத்தித்திறன் மற்றும் உற்சாகம் அடைவார்கள். பாதுகாப்பான பணி நடைமுறைகள் தொழிலாளர்கள் மன உறுதியை மேம்படுத்த உதவுகின்றன.

பாதுகாப்பான பணி நடைமுறைகளை உருவாக்குதல் மற்றும் செயல்படுத்துதல்

பாதுகாப்பான பணி நடைமுறைகள் பின்வரும் வழிமுறைகளைப் பின்பற்றி உருவாக்கப்படலாம் மற்றும் செயல்படுத்தப்படலாம்:

- ஆபத்து மதிப்பீடு: முதல் படி, பணிச்சூழலில் உள்ள அனைத்து ஆபத்துகளையும் அடையாளம் காண்பது மற்றும் மதிப்பீடு செய்வது. இதில் இயந்திரங்கள், பொருட்கள், உயரம், மின்சாரம் மற்றும் வேதியியல் பொருட்கள் போன்ற ஆபத்துகள் அடங்கும்.

- பாதுகாப்பான நடைமுறைகளை உருவாக்குதல்: அடையாளம் காணப்பட்ட ஒவ்வொரு ஆபத்துக்கும், அதைக் குறைக்க அல்லது தடுக்க பாதுகாப்பான பணி நடைமுறைகள் உருவாக்கப்பட வேண்டும். இந்த நடைமுறைகள் தெளிவாகவும், எளிமையாகவும், புரிந்து கொள்ளக்கூடியதாகவும் இருக்க வேண்டும்.

வீட்டு பராமரிப்பு மற்றும் கசிவு பதிலளிப்பு நடைமுறைகள்

நம் முதலீடுகளில் மிக முக்கியமானதாகக் கருதப்படும் நம் வீடுகள், பாதுகாப்பான மற்றும் வசதியான சூழலை வழங்குவதற்கு சரியான பராமரிப்பு தேவை. காலப்போக்கில், லேசான தேய்மானம் மற்றும் கிழிசல் ஏற்படலாம், அல்லது திடீரென கசிவுகள் போன்ற பிரச்சனைகள் ஏற்படலாம். எந்தவொரு வீட்டின் உரிமையாளரும் தயாராக இருக்க வேண்டிய முக்கிய பகுதிகள் இவை, எனவே உங்கள் வீட்டை சீராகவும், ஆபத்தற்றதாகவும் வைத்திருக்க வீட்டு பராமரிப்பு மற்றும் கசிவு பதிலளிப்பு நடைமுறைகள் அவசியம்.

வீட்டு பராமரிப்பு நடைமுறைகள்:

1. தொடர் கண்காணிப்பு: வீட்டை தவறாமல் கண்காணிப்பது பிரச்சனைகளை ஆரம்ப கட்டத்திலேயே கண்டறிந்து சரிசெய்வதற்கான சிறந்த வழியாகும். வாராந்திர, மாதாந்திர மற்றும் தினசரி பராமரிப்பு என 3 நிலைகளில் கண்காணிப்பை மேற்கொள்ளலாம்.

   ◦ தினசரி
     பராமரிப்பு: லீக்குகள், அடைப்புகள், சே தங்கள், விளக்குகள் எரியுமா

இல்லைமா போன்றவற்றை கவனிக்கவும்.

- ○ மாதாந்திர பராமரிப்பு: வடிகட்டிகள், இயந்திரங்க ள், smoke detectors இயங்குகிறதா என சரிபார்க்கவும்.

- ○ வாராந்திர பராமரிப்பு: கூரை, குழாய்கள், சுவர்கள் , வெளிப்புற அமைப்புகள் ஆகியவற்றை ஆய்வு செய்யவும்.

2. நிவாரண பராமரிப்பு: தேய்மானம் மற்றும் சிதைவதைத் தடுக்க மற்றும் பிரச்சனைகள் அதிகரிப்பதைத் தடுக்க முன்கூட்டியே பராமரிப்பு அவசியம். இதில் பூச்சு அடித்தல், குழாய்கள் சுத்தம் செய்தல், இழுபறிகளை மாற்றுதல், சிறிய லேசான சரிசெய்தல்கள் ஆகியவை அடங்கும்.

3. எரிசக்தி சிக்கனம்: வீட்டை ஆற்றல் திறன்மிக்கதாக மாற்றுவதன் மூலம் பணத்தை மிச்சப்படுத்தலாம். LED விளக்குகளுக்கு மாறுதல், தண்ணீர் சேமிக்கும் உபகரணங்கள் பயன்படுத்தல், வானிலைக்கு ஏற்றவாறு உடைகள் மாற்றுதல் ஆகியவை சில குறிப்புகள்.

4. பாதுகாப்பு முன்னெச்சரிக்கைகள்: விபத்துக்கள் மற்றும் தீக்களைக்

கட்டுப்படுத்த பாதுகாப்பு முன்னெச்சரிக்கைகள் முக்கியம். smoke detectors நிறுவுதல், தீ அணைப்பான்கள் தயாராக இருத்தல், மின் தடைகள் சரிபார்க்குதல், தளபாடங்களை பாதுகாப்பாக அடுக்குதல் ஆகியவை அவசியம்.

5. பதிவுகள் வைத்திருத்தல்: பராமரிப்பு பணிகள், சரிசெய்தல்கள், உத்தரவாத காலங்கள் ஆகியவற்றைப் பற்றிய பதிவுகள் வைத்திருப்பது எதிர்காலத்தில் உதவியாக இருக்கும்.

கசிவு பதிலளிப்பு நடைமுறைகள்:

1. கசிவை அடையாளம் கண்டுபரிதல்: மூலப்பொருள் நிறமாற்றம், ஈரப்பதம், துர்நாற்றம், ஓசைகள் ஆகியவற்றைக் கவனித்து கசிவை உடனே கண்டறிந்து அதன் மூலத்தை கண்டுபிடிக்கவும்.

Chapter 5: Monitoring and Surveillance

அத்தியாயம் 5: கண்காணிப்பு மற்றும் கண்காவல்

பணி இடத்தில் ரசாயன ஆபத்துகளைக் கண்காணிப்பதன் முக்கியத்துவம்

பணி இடத்தில் ரசாயனங்கள் பரவலாகப் பயன்படுத்தப்படுகின்றன. அவை தொழில்துறை, உற்பத்தி, கட்டுமானம், சுகாதாரம் மற்றும் பிற பல துறைகளில் பயன்படுத்தப்படுகின்றன. ரசாயனங்கள் பயனுள்ளதாக இருந்தாலும், அவை ஆபத்துகளையும் கொண்டிருக்கின்றன. ரசாயனங்கள் உடல், சுகாதார மற்றும் சுற்றுச்சூழல் ஆபத்துகளை ஏற்படுத்தும்.

ரசாயன ஆபத்துகளைக் கண்காணிப்பது அவசியம், ஏனெனில் அவை பின்வரும் விளைவுகளை ஏற்படுத்தும்:

- விபத்துக்கள்: ரசாயனங்கள் தீ, வெடிப்பு, கசிவுகள் மற்றும் பிற விபத்துக்களுக்கு வழிவகுக்கும். இந்த விபத்துக்கள் காயங்கள், மரணம் மற்றும் சொத்து சேதத்திற்கு வழிவகுக்கும்.

- நோய்கள்: ரசாயனங்கள் நச்சு, புற்றுநோய் மற்றும் பிற நோய்களை ஏற்படுத்தும். இந்த நோய்கள் தொழிலாளர்களின் ஆரோக்கியம் மற்றும் நல்வாழ்வை பாதிக்கும்.

- சுற்றுச்சூழல் சேதம்: ரசாயனங்கள் நீர், காற்று மற்றும் மண்ணை மாசுபடுத்தும். இந்த மாசுபாடு சுற்றுச்சூழல் அமைப்புகள் மற்றும் மனித ஆரோக்கியத்திற்கு தீங்கு விளைவிக்கும்.

ரசாயன ஆபத்துகளைக் கண்காணிப்பதன் மூலம் இந்த விளைவுகளைத் தடுக்கலாம் அல்லது குறைக்கலாம். பணி இடத்தில் ரசாயன ஆபத்துகளைக் கண்காணிப்பதற்கான சில வழிமுறைகள் பின்வருமாறு:

- ஆபத்து மதிப்பீடு: முதலில், பணி இடத்தில் உள்ள அனைத்து ரசாயன ஆபத்துகளையும் அடையாளம் காண வேண்டும். இதில் ரசாயனங்களின் வகை, அளவு, பாதுகாப்பு நடவடிக்கைகள் மற்றும் பிற காரணிகள் ஆகியவை அடங்கும்.

- ஆபத்து குறைப்பு: அடையாளம் காணப்பட்ட ஆபத்துகளைக் குறைக்க நடவடிக்கை எடுக்க வேண்டும். இதில் ரசாயனங்களைப் பயன்படுத்துவதைத் தவிர்த்தல், பாதுகாப்பு நடவடிக்கைகளை மேம்படுத்துதல் மற்றும் ரசாயனங்களைப் பாதுகாப்பாக சேமித்தல் ஆகியவை அடங்கும்.

- கண்காணிப்பு: ரசாயன ஆபத்துகள் தொடர்ந்து கண்காணிக்கப்பட வேண்டும். இதன் மூலம் புதிய ஆபத்துகள் அல்லது ஆபத்துகளின் தீவிரம் அதிகரித்தால் அவற்றைக் கண்டறிய முடியும்.

ரசாயன ஆபத்துகளைக் கண்காணிப்பதில் பின்வரும் நபர்கள் மற்றும் நிறுவனங்கள் ஈடுபட்டுள்ளன:

- தொழிலாளர்கள்: தொழிலாளர்கள் ரசாயன ஆபத்துகள் பற்றிய அறிவைப் பெற்றிருக்க வேண்டும். அவர்கள் ரசாயனங்களைப் பயன்படுத்தும் போது பாதுகாப்பு நடவடிக்கைகளை பின்பற்ற வேண்டும்.

- தொழில்துறை: தொழில்துறைகள் ரசாயன ஆபத்துகளைக் கட்டுப்படுத்த நடவடிக்கை எடுக்க வேண்டும். இதில் ரசாயனங்களைப் பயன்படுத்தும் போது பாதுகாப்பு நடவடிக்கைகளை வழங்குதல் மற்றும் ரசாயன ஆபத்துகளைக் கண்காணிப்பதற்கான அமைப்புகளை உருவாக்குதல் ஆகியவை அடங்கும்.

- அரசு: அரசாங்கம் ரசாயன ஆபத்துகளைக் கட்டுப்படுத்த சட்டங்கள் மற்றும் விதிகள் இயற்றுகிறது. இந்த சட்டங்கள் மற்றும் விதிகள் தொழிலாளர்கள் மற்றும் சுற்றுச்சூழலைப் பாதுகாக்க உதவுகின்றன.

பணி இடத்தில் ரசாயன ஆபத்துகளைக் கண்காணிப்பதன் மூலம், விபத்துக்கள், நோய்கள் மற்றும் சுற்றுச்சூழல் சேதத்தைத் தடுக்கலாம் அல்லது குறைக்கலாம்.

கண்காணிப்பு உபகரணங்கள் மற்றும் முறைகளின் வகைகள்

கண்காணிப்பு என்பது ஒரு செயல்முறை அல்லது நிகழ்வைக் கண்காணித்து, அதன் முன்னேற்றத்தைப் பற்றிய தகவல்களை வழங்குவதாகும். கண்காணிப்பு உபகரணங்கள் மற்றும் முறைகள் கண்காணிக்க வேண்டிய செயல்முறை அல்லது நிகழ்வின் வகையைப் பொறுத்து வேறுபடுகின்றன.

கண்காணிப்பு உபகரணங்கள் மற்றும் முறைகள் பின்வரும் வகைகளாகப் பிரிக்கப்படுகின்றன:

- உடல் கண்காணிப்பு: இந்த வகை கண்காணிப்புயில், மனித கண்கள் அல்லது உடல் உணர்வுகளைப் பயன்படுத்தி கண்காணிக்கப்படுகிறது. உதாரணமாக, ஒரு மின்சார மோட்டரின் வெப்பநிலையை அளவிடுவதற்கு ஒரு வெப்பமானி பயன்படுத்தப்படலாம்.

- மின்சார கண்காணிப்பு: இந்த வகை கண்காணிப்புயில், மின்சாரக் குறிகாட்டிகள் அல்லது மானிட்டர்கள் பயன்படுத்தப்படுகின்றன. உதாரணமாக, ஒரு தொழிற்சாலையின் மின் நெட்வொர்க்கின் நிலையை கண்காணிக்க ஒரு மின்சார கட்டுப்பாட்டு அமைப்பு பயன்படுத்தப்படலாம்.

- இயந்திர கண்காணிப்பு: இந்த வகை கண்காணிப்புயில், இயந்திரங்கள் அல்லது செயல்முறைகளை கண்காணிக்க இயந்திர உணர்திறன் கொண்ட கருவிகள் பயன்படுத்தப்படுகின்றன. உதாரணமாக, ஒரு இயந்திரத்தின் வேகத்தை அளவிடுவதற்கு ஒரு அதிர்வு சென்சார் பயன்படுத்தப்படலாம்.

- கணினி கண்காணிப்பு: இந்த வகை கண்காணிப்புயில், கணினி அமைப்புகள் மற்றும் செயல்முறைகளை கண்காணிக்க கணினி மென்பொருள் பயன்படுத்தப்படுகிறது. உதாரணமாக, ஒரு வலைத்தளத்தின் பயனர் வருகையைப் கண்காணிக்க ஒரு வலைத்தள ட்ராக்கர் பயன்படுத்தப்படலாம்.

கண்காணிப்பு உபகரணங்கள் மற்றும் முறைகளின் சில எடுத்துக்காட்டுகள் பின்வருமாறு:

- உடல் கண்காணிப்பு:
  - வெப்பமானி
  - அளவுகோல்
  - கால்குலேட்டர்
  - டைமர்
- மின்சார கண்காணிப்பு:

- ○ மின்சார கட்டுப்பாட்டு அமைப்பு
- ○ மின்சார அளவீட்டு கருவி
- ○ மின்சார பாதுகாப்பு அமைப்பு
- இயந்திர கண்காணிப்பு:
  - ○ அதிர்வு சென்சார்
  - ○ வேகமானி
  - ○ அழுத்தமானி
  - ○ வெப்பமானி
- கணினி கண்காணிப்பு:
  - ○ வலைத்தள ட்ராக்கர்
  - ○ சேவை வழங்குநர் கண்காணிப்பு கருவிகள்
  - ○ பாதுகாப்பு கண்காணிப்பு கருவிகள்

கண்காணிப்பு உபகரணங்கள் மற்றும் முறைகளைத் தேர்ந்தெடுக்கும்போது பின்வரும் காரணிகளைக் கருத்தில் கொள்ள வேண்டும்:

- கண்காணிக்க வேண்டிய செயல்முறை அல்லது நிகழ்வின் வகை
- கண்காணிக்க வேண்டிய அளவு
- கண்காணிப்புத் தரவுகளின் துல்லியம் மற்றும் துல்லியம்
- கண்காணிப்பு அமைப்பின் செலவு

கண்காணிப்பு உபகரணங்கள் மற்றும் முறைகள் முறையாகப் பயன்படுத்தப்பட்டால், அவற்றால் பின்வரும் நன்மைகளைப் பெறலாம்:

- செயல்முறை அல்லது நிகழ்வின் செயல்திறனை மேம்படுத்தலாம்
- செயல்முறை அல்லது நிகழ்வில் ஏற்படும் சிக்கல்களைக் கண்டறியலாம்
- செயல்முறை அல்லது நிகழ்வின் பாதுகாப்பை மேம்படுத்தலாம்

உள்நுழைவைக் கண்டறிவதற்கான உயிரியல் கண்காணிப்பு

உள்நுழைவு கண்டறிதல் என்பது ஒரு கட்டிடத்திற்குள் அங்கீகரிக்கப்படாத நுழைவை கண்டறிவதற்கான செயல்முறையாகும். இது கட்டிடத்தின் பாதுகாப்பை மேம்படுத்தவும், உள்நுழைவுகளால் ஏற்படும் சேதங்கள் மற்றும் இழப்புகளைத் தடுக்கவும் உதவுகிறது.

உள்நுழைவு கண்டறியலுக்குப் பயன்படுத்தப்படும் பல வகையான தொழில்நுட்பங்கள் உள்ளன. அவற்றில் ஒன்று உயிரியல் கண்காணிப்பாகும். உயிரியல் கண்காணிப்பு என்பது ஒரு நபரின் உடல் அடையாளங்களைப் பயன்படுத்தி உள்நுழைவை கண்டறியும் ஒரு செயல்முறையாகும்.

உயிரியல் கண்காணிப்பில் பயன்படுத்தப்படும் பொதுவான உடல் அடையாளங்கள் பின்வருமாறு:

- கைரேகை: கைரேகை என்பது ஒரு நபரின் விரல்களின் தனித்துவமான வடிவத்தைக் குறிக்கிறது. கைரேகை சென்சார்கள் கைரேகைகளைப் படம்பிடித்து, அவை பதிவுசெய்யப்பட்ட கைரேகைகளுடன் ஒத்துப்போகிறதா என்பதை சரிபார்க்கின்றன.

- முக அடையாளம்: முக அடையாளம் என்பது ஒரு நபரின் முகத்தின் தனித்துவமான வடிவத்தைக் குறிக்கிறது. முக அடையாளம் சென்சார்கள் முகங்களைப் படம்பிடித்து, அவை பதிவுசெய்யப்பட்ட முகங்களுடன் ஒத்துப்போகிறதா என்பதை சரிபார்க்கின்றன.

- வாய்வழி அடையாளம்: வாய்வழி அடையாளம் என்பது ஒரு நபரின் நாக்கு, பல் அல்லது உதடுகளின் தனித்துவமான வடிவத்தைக் குறிக்கிறது. வாய்வழி அடையாளம் சென்சார்கள் வாய்வழி அடையாளங்களைப் படம்பிடித்து, அவை பதிவுசெய்யப்பட்ட வாய்வழி அடையாளங்களுடன் ஒத்துப்போகிறதா என்பதை சரிபார்க்கின்றன.

- நகக் குறிகள்: நகக் குறிகள் என்பது ஒரு நபரின் நகங்களின் தனித்துவமான வடிவத்தைக் குறிக்கிறது. நகக் குறிகள் சென்சார்கள் நகக் குறிகளைப் படம்பிடித்து, அவை பதிவுசெய்யப்பட்ட நகக் குறிகளுடன் ஒத்துப்போகிறதா என்பதை சரிபார்க்கின்றன.

உயிரியல் கண்காணிப்பு உள்நுழைவு கண்டறியலுக்கு பல நன்மைகளை வழங்குகிறது. அவை பின்வருமாறு:

- உயர் துல்லியம்: உயிரியல் அடையாளங்கள் பொதுவாக மிக உயர் துல்லியத்துடன் அடையாளம் காணப்படுகின்றன.

- பயன்படுத்த எளிதானது: உயிரியல் கண்காணிப்பு அமைப்புகள் பொதுவாக பயன்படுத்த எளிதானவை.

- நம்பகமானது: உயிரியல் கண்காணிப்பு அமைப்புகள் பொதுவாக நம்பகமானவை.

உயிரியல் கண்காணிப்பு உள்நுழைவு கண்டறியலுக்கு ஒரு பயனுள்ள கருவியாகும். இது பாதுகாப்பை மேம்படுத்தவும், உள்நுழைவுகளால் ஏற்படும் சேதங்கள் மற்றும் இழப்புகளைத் தடுக்கவும் உதவுகிறது.

உயிரியல் கண்காணிப்பின் வரம்புகள்

உயிரியல் கண்காணிப்பு பல நன்மைகளை வழங்குகிறது என்றாலும், அதற்கு சில வரம்புகளும் உள்ளன. அவை பின்வருமாறு:

- செலவு: உயிரியல் கண்காணிப்பு அமைப்புகள் பொதுவாக மற்ற வகையான உள்நுழைவு கண்டறிதல் அமைப்புகளை விட அதிக விலை கொண்டவை.

- உயிரியல் மாற்றங்கள்: ஒரு நபரின் உடல் அடையாளங்கள் காலப்போக்கில் மாறலாம். இது உயிரியல் கண்காணிப்பு அமைப்புகளின் துல்லியத்தை பாதிக்கலாம்.

- நோய்த்தொற்று: உயிரியல் கண்காணிப்பு அமைப்புகள் ஒரு நபருக்கு நோய்த்தொற்று ஏற்படும் அபாயத்தைக் கொண்டிருக்கலாம்.

உயிரியல் கண்காணிப்பு அமைப்புகளைத் தேர்ந்தெடுக்கும்போது, இந்த வரம்புகளை கருத்தில் கொள்ள வேண்டும்.

சுகாதார விளைவுகளை ஆரம்ப கட்டத்தில் கண்டறிவதற்கான மருத்துவக் கண்காணிப்பு திட்டங்கள்

சுகாதார விளைவுகள் என்பது ஒரு பொருள், செயல்பாடு அல்லது நிகழ்வால் ஏற்படும் உடல் அல்லது மனநல மாற்றங்கள் ஆகும். சுகாதார விளைவுகள் ஆரம்ப கட்டத்தில் கண்டறியப்பட்டால், அவை மேலும் மோசமடையாமல் தடுக்கப்படலாம் அல்லது குறைக்கப்படலாம்.

சுகாதார விளைவுகளை ஆரம்ப கட்டத்தில் கண்டறிய, மருத்துவக் கண்காணிப்பு திட்டங்கள் பயன்படுத்தப்படுகின்றன. மருத்துவக் கண்காணிப்பு திட்டங்கள் என்பது ஒரு குறிப்பிட்ட மக்கள் குழுவில் சுகாதார விளைவுகளின் அபாயத்தை கண்காணிக்கும் ஒரு அமைப்பாகும்.

மருத்துவக் கண்காணிப்பு திட்டங்கள் பின்வரும் நோக்கங்களுக்காகப் பயன்படுத்தப்படுகின்றன:

- சுகாதார விளைவுகளின் அபாயத்தை அடையாளம் காணவும் அளவிடவும்
- சுகாதார விளைவுகளின் ஆரம்ப அறிகுறிகளைக் கண்டறியவும்
- சுகாதார விளைவுகளின் வளர்ச்சியைக் கண்காணிக்கவும்

- சுகாதார விளைவுகளின் விளைவுகளைப் பகுப்பாய்வு செய்யவும்

மருத்துவக் கண்காணிப்பு திட்டங்கள் பின்வரும் வகைகளாகப் பிரிக்கப்படுகின்றன:

- நோய்க்கு முந்தைய கண்காணிப்பு: இந்த வகை கண்காணிப்பு திட்டங்கள் ஒரு குறிப்பிட்ட நோய்க்கு ஆபத்தில் உள்ள நபர்களை கண்காணிக்கப் பயன்படுத்தப்படுகின்றன.

- நோய்க்குப் பின் கண்காணிப்பு: இந்த வகை கண்காணிப்பு திட்டங்கள் ஒரு நோய் அல்லது நிலையுடன் வாழ்ந்து வரும் நபர்களை கண்காணிக்கப் பயன்படுத்தப்படுகின்றன.

- சுற்றுச்சூழல் கண்காணிப்பு: இந்த வகை கண்காணிப்பு திட்டங்கள் சுற்றுச்சூழல் மாசுபாட்டால் ஏற்படும் சுகாதார விளைவுகளை கண்காணிக்கப் பயன்படுத்தப்படுகின்றன.

மருத்துவக் கண்காணிப்பு திட்டங்கள் பின்வரும் வழிகளில் செயல்படுகின்றன:

- மருத்துவ பரிசோதனைகள்: இந்த பரிசோதனைகள் இரத்த, சிறுநீர், திசு மாதிரிகள் மற்றும் பிற உடல் திரவங்களைப் பகுப்பாய்வு செய்வதன் மூலம் சுகாதார

விளைவுகளின் அறிகுறிகளைக் கண்டறியப் பயன்படுத்தப்படுகின்றன.

- கேள்வித்தாள்கள்: இந்த கேள்வித்தாள்கள் சுகாதார விளைவுகளின் அறிகுறிகள் அல்லது அறிகுறிகளைக் கண்டறியப் பயன்படுத்தப்படுகின்றன.

- மக்கள் தொகை தரவு: இந்த தரவுகள் சுகாதார விளைவுகளின் அபாயத்தை அடையாளம் காணப் பயன்படுத்தப்படுகின்றன.

மருத்துவக் கண்காணிப்பு திட்டங்கள் பல நன்மைகளை வழங்குகின்றன. அவை பின்வருமாறு:

- சுகாதார விளைவுகளின் ஆரம்ப அறிகுறிகளைக் கண்டறிவதன் மூலம், அவை மேலும் மோசமடையாமல் தடுக்கப்படலாம் அல்லது குறைக்கப்படலாம்.

- சுகாதார விளைவுகளின் வளர்ச்சியைக் கண்காணிப்பதன் மூலம், அவற்றின் விளைவுகளைப் பற்றி மேலும் அறிய முடியும்.

- சுகாதார விளைவுகளுக்கு சிகிச்சையளிப்பதற்கான புதிய மற்றும் மேம்பட்ட முறைகளை உருவாக்குவதற்கு

மருத்துவக் கண்காணிப்பு தரவு பயன்படுத்தப்படலாம்.

மருத்துவக் கண்காணிப்பு திட்டங்கள் சில வரம்புகளும் உள்ளன. அவை பின்வருமாறு:

- மருத்துவக் கண்காணிப்பு திட்டங்கள் விலை உயர்ந்தவையாக இருக்கலாம்.

- மருத்துவக் கண்காணிப்பு திட்டங்கள் பெரிய அளவிலான மக்களை உள்ளடக்கியதாக இருக்க வேண்டும், இதனால் அவை பயனுள்ளதாக இருக்கும்.

- மருத்துவக் கண்காணிப்பு திட்டங்கள் மக்களின் உரிமைகளைப் பாதுகாக்க வேண்டும்.

மருத்துவக் கண்காணிப்பு திட்டங்கள் சுகாதார விளைவுகளைக் கண்டறிவதற்கும் அவற்றின் விளைவுகளைக் குறைப்பதற்கும் ஒரு பயனுள்ள கருவியாகும்.

Chapter 6: Employee Rights and Responsibilities

அத்தியாயம் 6: ஊழியர்களின் உரிமைகள் மற்றும் பொறுப்புகள்

பாதுகாப்பு திட்டங்களில் அறிந்துகொள்ளும் உரிமை மற்றும் பங்கேற்கும் உரிமை

பாதுகாப்புத் திட்டங்கள் பாதுகாப்பு ஆபத்துக்களைக் குறைப்பதற்கும் அவற்றின் தாக்கத்தைக் குறைப்பதற்கும் உதவுகின்றன. ஆனால் பாதுகாப்பு திட்டங்கள் உண்மையிலேயே பயனுள்ளதாக இருக்க வேண்டும் என்றால், அவற்றில் உள்ளவர்களுக்கு திட்டங்கள் பற்றி அறிந்துகொள்ளும் உரிமை மற்றும் அவற்றில் பங்கேற்கும் உரிமை இருப்பது அவசியம்.

அறிந்துகொள்ளும் உரிமை

அறிந்துகொள்ளும் உரிமை என்பது பாதுகாப்பு திட்டங்கள், ஆபத்துகள் மற்றும் அவற்றைக் கையாள்வதற்கான திட்டங்கள் பற்றிய தகவல்களை அணுகுவதற்கான உரிமையாகும். இதில் பின்வருவனவை அடங்கும்:

- பாதுகாப்பு ஆபத்துகள் பற்றிய தகவல்கள்
- அந்த ஆபத்துகளைக் கையாள்வதற்கான திட்டங்கள்

- அவசரகால திட்டங்கள்

- அவசரகால தொடர்பு தகவல்கள்

- பாதுகாப்பு பயிற்சியின் வாய்ப்புகள்

அறிந்துகொள்ளும் உரிமை பல காரணங்களுக்காக முக்கியமானது:

- தயார்செயல்: பாதுகாப்பு ஆபத்துகள் மற்றும் அவற்றைக் கையாள்வதற்கான திட்டங்கள் பற்றி மக்கள் அறிந்திருந்தால், அவசரநிலை ஏற்பட்டால் அவர்கள் சிறப்பாக தயாராக இருக்க முடியும்.

- பங்களிப்பு: பாதுகாப்பு திட்டங்கள் மக்கள் அவர்களைப் பற்றியும் அவர்களது தேவைகளைப் பற்றியும் கருத்தில் கொள்ளும்போது மிகவும் பயனுள்ளதாக இருக்கும். அறிந்துகொள்ளும் உரிமை மக்கள் திட்டங்களில் தங்கள் கருத்தைச் சொல்ல அனுமதிக்கிறது.

- நம்பிக்கை: பாதுகாப்பு திட்டங்கள் பற்றிய தகவல்கள் மக்களுக்கு கிடைக்கும்போது, திட்டங்களை உருவாக்கியவர்கள் மீது அவர்களுக்கு நம்பிக்கை இருக்கும்.

பங்கேற்கும் உரிமை

பங்கேற்கும் உரிமை என்பது பாதுகாப்பு திட்டங்களை உருவாக்குவதிலும் செயல்படுத்துவதிலும் பங்கேற்கும் உரிமையாகும். இதில் பின்வருவனவை அடங்கும்:

- பாதுகாப்பு திட்டங்களின் வளர்ச்சியில் பங்கேற்பது

- அவசரகால பயிற்சிகளில் பங்கேற்பது

- பாதுகாப்பு கவலைகளை தெரிவிப்பது

- பாதுகாப்பு திட்டங்களை மேம்படுத்துவதற்கான யோசனைகளை வழங்குவது

பங்கேற்கும் உரிமை பல காரணங்களுக்காக முக்கியமானது:

- உரிமைத்தன்மை: மக்கள் பாதுகாப்பு திட்டங்களை உருவாக்குவதில் ஈடுபட்டிருந்தால், அவர்கள் திட்டங்களைச் சொந்தம் கொள்வது அதிகம் சாத்தியமாகும். இதன் விளைவாக, திட்டங்களைப் பின்பற்ற அவர்கள் அதிக வாய்ப்புள்ளவர்கள்.

- பயனுள்ள திட்டங்கள்: பாதுகாப்பு திட்டங்கள் மக்கள் அவர்களைப் பற்றியும் அவர்களது தேவைகளைப் பற்றியும் கருத்தில் கொள்ளும்போது மிகவும்

பயனுள்ளதாக இருக்கும். பங்கேற்கும் உரிமை மக்கள் திட்டங்களை தங்கள் தேவைகளுக்கு ஏற்ப மாற்ற உதவுகிறது.

* சமூக ஒற்றுமை: பல்வேறு பின்னணியிலிருந்து வந்த மக்கள் பாதுகாப்பு திட்டங்களை உருவாக்குவதிலும் செயல்படுத்து

பாதுகாப்பு தரவுத்தாள்கள் (SDS) மற்றும் ஆபத்து தகவல்களை அணுகுதல்

பாதுகாப்பு தரவுத்தாள்கள் (SDS) என்பது ஒரு பொருளின் அல்லது கலவையின் பாதுகாப்பு தொடர்பான தகவல்களை வழங்கும் ஒரு ஆவணமாகும். SDSகள் வழக்கமாக பின்வரும் தலைப்புகளை உள்ளடக்குகின்றன:

- வேதியியல் அடையாளம்

- பாதுகாப்பு நடவடிக்கைகள்

- உடல் பண்புகள்

- மருத்துவ விளைவுகள்

- எரித்தல் மற்றும் வெடிப்பு

- நிலையான தன்மை மற்றும் நிலைத்தன்மை

- அசுத்தங்கள்

- கையாளுதல் மற்றும் சேமிப்பு

- வெளியேற்றுதல்

SDSகள் ஒரு பொருளின் அல்லது கலவையின் பாதுகாப்பான பயன்பாட்டை உறுதிப்படுத்த உதவும் ஒரு முக்கியமான கருவியாகும். அவை தொழிலாளர்கள், கொள்முதல்காரர்கள், நுகர்வோர் மற்றும் பொதுமக்கள் என அனைவருக்கும் பயனுள்ளதாக இருக்கும்.

SDS ஐ எவ்வாறு அணுகுவது

SDSகள் பொதுவாக பொருளின் உற்பத்தியாளர் அல்லது விநியோகஸ்தரால் வழங்கப்படுகின்றன. SDS ஐப் பெற, பொருளின் பெயர் மற்றும் எண் அல்லது CAS பதிவு எண்ணை அறிந்து கொள்ள வேண்டும். நீங்கள் பின்வரும் வழிகளில் SDS ஐப் பெறலாம்:

- உற்பத்தியாளர் அல்லது விநியோகஸ்தரை நேரடியாக தொடர்பு கொள்ளவும்.

- ஒரு SDS இணையதளத்தில் தேடவும்.

- உங்கள் உள்ளூர் அரசாங்கத்தின் பாதுகாப்பு அல்லது சுற்றுச்சூழல் நிறுவனத்தை தொடர்பு கொள்ளவும்.

SDS ஐப் பயன்படுத்துதல்

SDS ஐப் பயன்படுத்தும்போது, பின்வரும் குறிப்புகளைப் பின்பற்றவும்:

- SDS முழுவதும் கவனமாகப் படிக்கவும்.

- SDS இல் உள்ள அனைத்து எச்சரிக்கைகள் மற்றும் முன்னெச்சரிக்கை நடவடிக்கைகளையும் பின்பற்றவும்.

- SDS இல் உள்ள பரிந்துரைகளைப் பின்பற்றவும்.

SDS ஐப் பயன்படுத்துவதால் கிடைக்கும் நன்மைகள்

SDS ஐப் பயன்படுத்துவதால் கிடைக்கும் பல நன்மைகள் உள்ளன. இவை பின்வருமாறு:

- பாதுகாப்பான பயன்பாட்டை உறுதிசெய்கிறது.

- ஆபத்துகளைக் குறைக்கிறது.

- இழப்புகள் மற்றும் சேதங்களைத் தடுக்கிறது.

- உற்பத்தித்திறனை மேம்படுத்துகிறது.

SDS ஐப் பயன்படுத்துவதற்கான சில எடுத்துக்காட்டுகள்

SDS ஐப் பயன்படுத்துவதற்கான சில எடுத்துக்காட்டுகள் பின்வருமாறு:

- ஒரு தொழிலாளர் ஒரு புதிய வேதியியல் பொருளைப் பயன்படுத்தத் தொடங்கும்போது, அவர் SDS ஐப் படித்து, அதைப் பற்றிய தகவல்களைப் பெறுவார்.

- ஒரு தொழில்துறை நிறுவனம் ஒரு புதிய பொருளை வாங்கும்போது, அவர்கள் SDS ஐப் பெறுவார்கள், இதனால் அவர்கள் அதை பாதுகாப்பாக சேமித்து பயன்படுத்த முடியும்.

- ஒரு நுகர்வோர் ஒரு புதிய பொருளை வாங்கும்போது, அவர்கள் SDS ஐப்

பெறுவார்கள், இதனால் அவர்கள் அதை பாதுகாப்பாகப் பயன்படுத்த முடியும்.

SDS கள் பாதுகாப்பு தகவல்களை அணுகுவதற்கான ஒரு முக்கியமான வழியாகும். அவை தொழிலாளர்கள், கொள்முதல்காரர்கள், நுகர்வோர் மற்றும் பொதுமக்கள் என அனைவருக்கும் பயனுள்ளதாக இருக்கும்.

பாதுகாப்பற்ற நிலைமைகள் மற்றும் பணி நடைமுறைகளை அறிவித்தல்

பாதுகாப்பற்ற நிலைமைகள் மற்றும் பணி நடைமுறைகள் என்பது தொழிலாளர்கள், பொதுமக்கள் அல்லது சுற்றுச்சூழலுக்கு ஆபத்தை விளைவிக்கும் ஒன்றாகும். அவை பின்வரும் வடிவங்களில் இருக்கலாம்:

- சரிபார்க்கப்படாத இயந்திரங்கள் அல்லது உபகரணங்கள்

- அபாயகரமான பொருட்கள் அல்லது கலவைகள்

- போதுமான பாதுகாப்பு சாதனங்கள் இல்லாதவை

- தவறான அல்லது போதுமான பயிற்சி

- பணியிடத்தில் தவறான நடைமுறைகள்

பாதுகாப்பற்ற நிலைமைகள் மற்றும் பணி நடைமுறைகளைக் கண்டறிந்தால், அவற்றை அறிவிப்பது முக்கியம். அறிவிப்பு என்பது பாதுகாப்பை மேம்படுத்தவும், காயங்கள், நோய்கள் அல்லது சுற்றுச்சூழல் சேதங்களைத் தடுக்கவும் உதவும் ஒரு முக்கியமான கருவியாகும்.

பாதுகாப்பற்ற நிலைமைகள் மற்றும் பணி நடைமுறைகளை அறிவிக்க பல வழிகள் உள்ளன. சில பொதுவான வழிகள் பின்வருமாறு:

- உங்கள் மேலாளரிடம் அல்லது பாதுகாப்பு அதிகாரிகளிடம் பேசுங்கள்.

- உங்கள் நிறுவனத்தின் பாதுகாப்பு அறிவிப்பு அமைப்பைப் பயன்படுத்தவும்.

- உங்கள் உள்ளூர் அரசாங்கத்தின் பாதுகாப்பு அல்லது தொழிலாளர் பாதுகாப்பு துறையைத் தொடர்பு கொள்ளவும்.

பாதுகாப்பற்ற நிலைமைகள் மற்றும் பணி நடைமுறைகளை அறிவிக்கும் போது, பின்வரும் தகவல்களை வழங்குவது அவசியம்:

- பாதுகாப்பற்ற நிலைமை அல்லது பணி நடைமுறையின் விளக்கம்

- பாதுகாப்பை எவ்வாறு மேம்படுத்தலாம் என்பதற்கான பரிந்துரைகள்

- பாதுகாப்பற்ற நிலைமை அல்லது பணி நடைமுறையை எங்கு கண்டறிந்தீர்கள் என்பதற்கான தகவல்கள்

- பாதுகாப்பற்ற நிலைமை அல்லது பணி நடைமுறையை நீங்கள் கண்டறிந்த நேரம்

பாதுகாப்பற்ற நிலைமைகள் மற்றும் பணி நடைமுறைகளை அறிவிப்பது ஒரு தனிப்பட்ட கடமை மட்டுமல்ல, ஒரு சமூக பொறுப்பும் ஆகும். பாதுகாப்பை மேம்படுத்தவும், அனைவருக்கும் பாதுகாப்பான பணிச் சூழலை உருவாக்கவும்

நாம் அனைவரும் ஒன்றிணைந்து பணியாற்ற வேண்டும்.

பாதுகாப்பற்ற நிலைமைகள் மற்றும் பணி நடைமுறைகளை அறிவிப்பதன் நன்மைகள்

பாதுகாப்பற்ற நிலைமைகள் மற்றும் பணி நடைமுறைகளை அறிவிப்பதன் மூலம் பின்வரும் நன்மைகளைப் பெறலாம்:

- காயங்கள், நோய்கள் அல்லது சுற்றுச்சூழல் சேதங்களைத் தடுக்கலாம்.

- பாதுகாப்பை மேம்படுத்தவும், பணிச் சூழலை மேம்படுத்தவும் உதவலாம்.

- உங்கள் உரிமைகளைப் பாதுகாக்க உதவலாம்.

பாதுகாப்பற்ற நிலைமைகள் மற்றும் பணி நடைமுறைகளை அறிவிக்க நீங்கள் தயங்க வேண்டாம். அவை தொழிலாளர்கள், பொதுமக்கள் அல்லது சுற்றுச்சூழலுக்கு ஆபத்தை விளைவிக்கும் ஒன்றாகும். அவை அடையாளம் காணப்பட்டவுடன், அவற்றை அறிவித்து சரியான நடவடிக்கை எடுக்க வேண்டும்.

பாதுகாப்பான பராமரிப்பதற்கான பொறுப்புகள் பணிச்சூழலை ஊழியர்களின்

பாதுகாப்பான பணிச்சூழலை பராமரிப்பது என்பது ஒரு நிறுவனத்தின் அனைத்து பணியாளர்களின் பொறுப்பாகும். தொழிலாளர்கள் தங்கள் சொந்த பாதுகாப்பை மட்டுமல்லாமல், பிற பணியாளர்கள், பொதுமக்கள் மற்றும் சுற்றுச்சூழலின் பாதுகாப்பையும் உறுதி செய்ய வேண்டும்.

பாதுகாப்பான பணிச்சூழலை பராமரிப்பதற்கான ஊழியர்களின் பொறுப்புகள் பின்வருமாறு:

- பாதுகாப்பு விதிமுறைகள் மற்றும் நடைமுறைகளைப் பின்பற்றவும்: தொழிலாளர்கள் தங்கள் பணிச் சூழலில் உள்ள அனைத்து பாதுகாப்பு விதிமுறைகள் மற்றும் நடைமுறைகளையும் அறிந்து, அவற்றைப் பின்பற்ற வேண்டும். இதில் பாதுகாப்பு உபகரணங்கள் அணிவது, கையாளுதல் பாதுகாப்பு நடைமுறைகளைப் பின்பற்றுவது மற்றும் அவசரகால திட்டங்களை அறிந்து கொள்வது ஆகியவை அடங்கும்.

- பாதுகாப்பற்ற நிலைமைகள் மற்றும் பணி நடைமுறைகளை அறிவிக்கவும்: தொழிலாளர்கள் தங்கள்

பணிச் சூழலில் பாதுகாப்பற்ற நிலைமைகள் அல்லது பணி நடைமுறைகளைக் கண்டறிந்தால், அவற்றை உடனடியாக அறிவிக்க வேண்டும். இதன் மூலம், பாதுகாப்பான சூழலை உருவாக்க சரியான நடவடிக்கை எடுக்க முடியும்.

* பாதுகாப்பு பயிற்சிகளில் பங்கேற்கவும்: தொழிலாளர்கள் தங்கள் பணிச் சூழலில் உள்ள பாதுகாப்பு அபாயங்களைப் பற்றி அறிந்து கொள்ளவும், அவற்றைத் தவிர்க்கவும் பாதுகாப்பு பயிற்சிகளில் பங்கேற்க வேண்டும்.

* பாதுகாப்பு கருவிகளைப் பயன்படுத்தவும்: தொழிலாளர்கள் தங்கள் பணிகளைச் செய்ய பாதுகாப்பு கருவிகளைப் பயன்படுத்த வேண்டும். இந்த கருவிகளைப் பயன்படுத்துவதற்கான பயிற்சி பெற்றிருக்க வேண்டும் மற்றும் அவற்றைப் பயன்படுத்தும்போது பாதுகாப்பு விதிமுறைகளைப் பின்பற்ற வேண்டும்.

* பாதுகாப்பு உபகரணங்களை அணியவும்: தொழிலாளர்கள் தங்கள் பணிச் சூழலில் உள்ள ஆபத்துக்களைத் தவிர்க்க பாதுகாப்பு உபகரணங்களை அணிய வேண்டும். இதில் தொப்பிகள், கண்ணாடிகள், கையுறைகள்,

செருப்புகள் மற்றும் பிற பாதுகாப்பு உபகரணங்கள் ஆகியவை அடங்கும்.

பாதுகாப்பான பணிச்சூழலை பராமரிப்பதற்கான ஊழியர்களின் பொறுப்புகளை நிறைவேற்றுவதன் மூலம், தொழிலாளர்கள் பின்வரும் நன்மைகளைப் பெறலாம்:

- காயம், நோய் அல்லது மரணத்தைத் தடுக்கலாம்.
- உற்பத்தித்திறனை மேம்படுத்தலாம்.
- உங்கள் நிறுவனத்தின் நற்பெயரை மேம்படுத்தலாம்.

பாதுகாப்பான பணிச்சூழலை பராமரிப்பது என்பது ஒவ்வொரு ஊழியரின் கடமையும் பொறுப்பும் ஆகும். இந்த பொறுப்புகளை நிறைவேற்றுவதன் மூலம், நாம் அனைவரும் பாதுகாப்பான மற்றும் ஆரோக்கியமான பணிச் சூழலை உருவாக்க முடியும்.